对接世界技能大赛技术标准创新系列教材
技工院校一体化课程教学改革焊接加工专业教材

铸钢构件焊接

人力资源社会保障部教材办公室　组织编写

中国劳动社会保障出版社

内容简介

本套教材为对接世赛标准深化一体化专业课程改革焊接加工专业教材，对接世赛焊接项目，学习目标融入世赛要求，学习内容对接世赛技能标准，考核评价方法参照世赛评分方案。

本书主要内容包括矿机龙门梁结构焊接、垃圾箱滑移臂焊接。

图书在版编目（CIP）数据

铸钢构件焊接 / 人力资源社会保障部教材办公室组织编写 . -- 北京：中国劳动社会保障出版社，2021
对接世界技能大赛技术标准创新系列教材　技工院校一体化课程教学改革焊接加工专业教材
ISBN 978-7-5167-5044-5

Ⅰ . ①铸…　Ⅱ . ①人…　Ⅲ . ①铸钢件 – 焊接 – 技工学校 – 教材　Ⅳ . ① TG4

中国版本图书馆 CIP 数据核字（2021）第 195197 号

中国劳动社会保障出版社出版发行
（北京市惠新东街 1 号　邮政编码：100029）
*
北京市白帆印务有限公司印刷装订　　新华书店经销

880 毫米 ×1230 毫米　16 开本　9.25 印张　217 千字
2021 年 10 月第 1 版　　2021 年 10 月第 1 次印刷
定价：25.00 元

读者服务部电话：（010）64929211/84209101/64921644
营销中心电话：（010）64962347
出版社网址：http：//www.class.com.cn
http：//jg.class.com.cn

对接世界技能大赛技术标准创新系列教材

编审委员会

主　　任：刘　康

副 主 任：张　斌　王晓君　刘新昌　冯　政

委　　员：王　飞　翟　涛　杨　奕　张　伟　赵庆鹏
　　　　　姜华平　杜庚星　王鸿飞

焊接加工专业课程改革工作小组

课 改 校：宁波技师学院　攀枝花技师学院　承德技师学院
　　　　　黑龙江技师学院　徐州工程机械技师学院
　　　　　山东工程技师学院　广西工业技师学院　首钢技师学院

技术指导：刘景凤

编　　辑：吴　岚　盛秀芳

本书编审人员

主　　编：吴从跃

参　　编：李洪波　裘红军　潘蛟亮　王金库　黄　海

主　　审：米光明

序

世界技能大赛由世界技能组织每两年举办一届，是迄今全球地位最高、规模最大、影响力最广的职业技能竞赛，被誉为“世界技能奥林匹克”。我国于2010年加入世界技能组织，先后参加了五届世界技能大赛，累计取得36金、29银、20铜和58个优胜奖的优异成绩。第46届世界技能大赛将在我国上海举办。2019年9月，习近平总书记对我国选手在第45届世界技能大赛上取得佳绩作出重要指示，并强调，劳动者素质对一个国家、一个民族发展至关重要。技术工人队伍是支撑中国制造、中国创造的重要基础，对推动经济高质量发展具有重要作用。要健全技能人才培养、使用、评价、激励制度，大力发展技工教育，大规模开展职业技能培训，加快培养大批高素质劳动者和技术技能人才。要在全社会弘扬精益求精的工匠精神，激励广大青年走技能成才、技能报国之路。

为充分借鉴世界技能大赛先进理念、技术标准和评价体系，突出“高、精、尖、缺”导向，促进技工教育与世界先进标准接轨，完善我国技能人才培养模式，全面提升技能人才培养质量，人力资源社会保障部于2019年4月启动了世界技能大赛成果转化工作。根据成果转化工作方案，成立了由世界技能大赛中国集训基地、一体化课改学校，以及竞赛项目中国技术指导专家、企业专家、出版集团资深编辑组成的对接世界技能大赛技术标准深化专业课程改革工作小组，按照创新开发新专业、升级改造传统专业、深化一体化专业课程改革三种对接转化原则，以专业培养目标对接职业描述、专业课程对接世界技能标准、课程考核与评价对接评分方案等多种操作模式和路径，同时融入健康与安全、绿色与环保及可持续发展理念，开发与世界技能大赛项目对接的专业人才培养方案、教材及配套教学资源。首批对接19个世界技能大赛项目共12个专业的成果将于2020—2021年陆续出版，主要用于技工院校日常专业教学工作中，充分发挥世界技能大赛成果转化对技工院校技能人才的引领示范作用。在总结经验及调研的基础上选择新的对接项目，陆续启动第二批等世界技能大赛成果转化工作。

希望全国技工院校将对接世界技能大赛技术标准创新系列教材，作为深化专业课程建设、创新人才培养模式、提高人才培养质量的重要抓手，进一步推动教学改革，坚持高端引领，促进内涵发展，提升办学质量，为加快培养高水平的技能人才作出新的更大贡献！

2020年11月

目　　录

学习任务一　矿机龙门梁结构焊接

学习目标

完成本学习任务后，学生应能胜任矿机龙门梁结构焊接工作，并严格执行企业安全生产制度、环保管理制度和“6S”管理规定，具备安全意识、质量意识、职业健康与环境保护意识，养成爱岗敬业、自主学习、沟通协调、团队合作等职业素养，具体包括以下内容：

1. 能根据焊接作业环境需要，选择、穿戴并维护个人防护装备。

2. 能读懂矿机龙门梁结构生产任务单、焊接图样和焊接工艺文件，明确工作任务、技术要求和质量标准。

3. 能通过技术交底和有效沟通明确矿机龙门梁结构的焊接方法、焊接顺序、质量控制关键点、特殊要求、质量检验方法等，并确定相应的预防和控制措施。

4. 能根据焊接工艺文件完成焊前准备工作，并确认作业场地与周围环境达到劳动安全和职业健康要求。

5. 能根据焊接图样和焊接工艺文件确认装配质量符合要求，预防措施到位。

6. 能按要求使用设备和工具，严格执行焊接工艺文件，采用熔化极非惰性气体保护电弧焊方法完成龙门梁前悬挂支座与龙门梁左铸件、龙门梁前悬挂支座与龙门梁上圈梁、龙门梁左铸件与龙门梁上圈梁的焊接。焊接过程中，能控制焊接热输入和层间温度，预防焊接裂纹的产生。

7. 能按照工艺文件要求进行焊后后热、保温缓冷和消除焊接应力处理。

8. 能按要求进行焊接接头的清理、自检、表面缺陷返修；能依据焊缝返修通知单和返修工艺文件进行焊接缺陷定位、清理及返修；能填写自检记录表。

9. 能对设备和工具等进行日常维护及保养。

10. 能积极主动展示并汇报工作成果，对学习与工作过程中出现的问题进行反思和总结，优化方案和策略，具备知识迁移能力。

建议学时

100 学时

工作情景描述

某企业接到矿机龙门梁结构焊接任务，龙门梁结构比较大，焊缝形式多样，它主要由龙门梁前悬挂支座、龙门梁左铸件、龙门梁上圈梁和龙门梁下圈梁组成。龙门梁前悬挂支座和龙门梁左铸件是铸钢件，材料为 ZG18CrNiMo，龙门梁上圈梁和下圈梁为低合金钢件，材料为 Q355，要求焊工班组采用熔化极非惰性气体保护电弧焊进行焊接，工时为 15 h。

工作流程与活动

学习活动 1	明确工作任务	6 学时
学习活动 2	技能准备	60 学时
学习活动 3	制订计划	8 学时
学习活动 4	任务实施	10 学时
学习活动 5	焊接质量检验与返修	10 学时
学习活动 6	总结与评价	6 学时

学习活动 1　明确工作任务

学习目标

1. 能通过生产任务单，准确概括、复述任务内容及要求。

2. 能识读矿机龙门梁结构的焊接图样和技术要求。

3. 能根据焊接图样和作业指导书制定矿机龙门梁结构的施工步骤。

4. 能根据焊接图样要求，明确图上标注的焊缝符号及其含义。

5. 能根据作业指导书，选择焊接材料，确认预热温度，分析其对焊接接头的影响。

6. 能对熔化极非惰性气体保护电弧焊焊接设备进行维护及保养。

学习活动描述

明确工作任务是完成矿机龙门梁结构焊接工作的第一步。通过查阅生产任务单和作业指导书明确矿机龙门梁结构的材料、规格、焊接方法和技术要求，并对矿机龙门梁结构焊接的技术参数、工艺流程等知识有总体的认知。

总学时：6 学时

子活动与建议学时

子活动 1	矿机龙门梁结构焊接工艺文件识读	4 学时
子活动 2	铸钢认知	1 学时
子活动 3	学习活动评价	1 学时

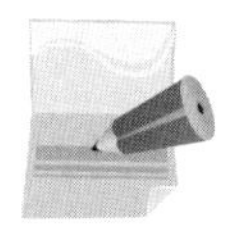

学习准备

资料与材料：工作页、技术标准、技术文件、专业书籍、矿机龙门梁结构焊接生产任务单、焊接图样、作业指导书等。

子活动 1　矿机龙门梁结构焊接工艺文件识读

矿机龙门梁结构焊接工艺文件包括生产任务单、焊接图样、作业指导书（焊接工艺规程）等，这些工艺文件记述了任务要求、生产设备、焊接方法和焊接参数、技术要求等内容。

学习过程

一、矿机龙门梁结构焊接工艺文件

1．生产任务单

仔细阅读表 1–1–1 所列的生产任务单，按照生产任务单提供的基本信息，查阅相关资料，明确工作任务的内容和要求，并逐项填写生产任务单中的空白项。

表 1–1–1　生产任务单

单　　号：________________　　开单时间：______年____月____日____时

开单部门：________________　　开 单 人：________________

接 单 人：________________　　签　　名：________________

<table>
<tr><td colspan="4">以下由开单人填写</td></tr>
<tr><td>任务名称</td><td>矿机龙门梁结构焊接</td><td>完成工时</td><td>15 h</td></tr>
<tr><td>任务要求</td><td colspan="3">1．焊前按工艺要求进行预热
2．焊接过程中控制层间温度
3．焊后按工艺要求进行缓冷
4．对关键焊缝进行磁粉检测
5．焊缝满足质量要求</td></tr>
<tr><td colspan="4">以下由开单人和接单人填写</td></tr>
<tr><td>领取材料</td><td>龙门梁前悬挂支座，材料为 ZG18CrNiMo
龙门梁左铸件，材料为 ZG18CrNiMo
龙门梁上圈梁，材料为 Q355
保护气体：20%CO_2+80%Ar（均为体积分数）
焊丝：ER50–6，ϕ1.2 mm；ER70–G，ϕ1.2 mm</td><td rowspan="2">成本核算</td><td rowspan="2">金额合计：

仓库管理员（签名）

年　月　日</td></tr>
<tr><td>领用工具</td><td>角向磨光机、直磨机、活扳手、钢丝钳、划针、测量工具（焊接检验尺、钢直尺、直角尺、钢卷尺、放大镜、测温仪等）、安全防护用品（焊接防护具、焊接防护服等）、工艺装备和夹具等</td></tr>
</table>

续表

操作者检测		（签名） 年　月　日
班组检测		（签名） 年　月　日
质量员检测		（签名） 年　月　日

2．如图 1-1-1 所示为矿机龙门梁结构焊接图样。

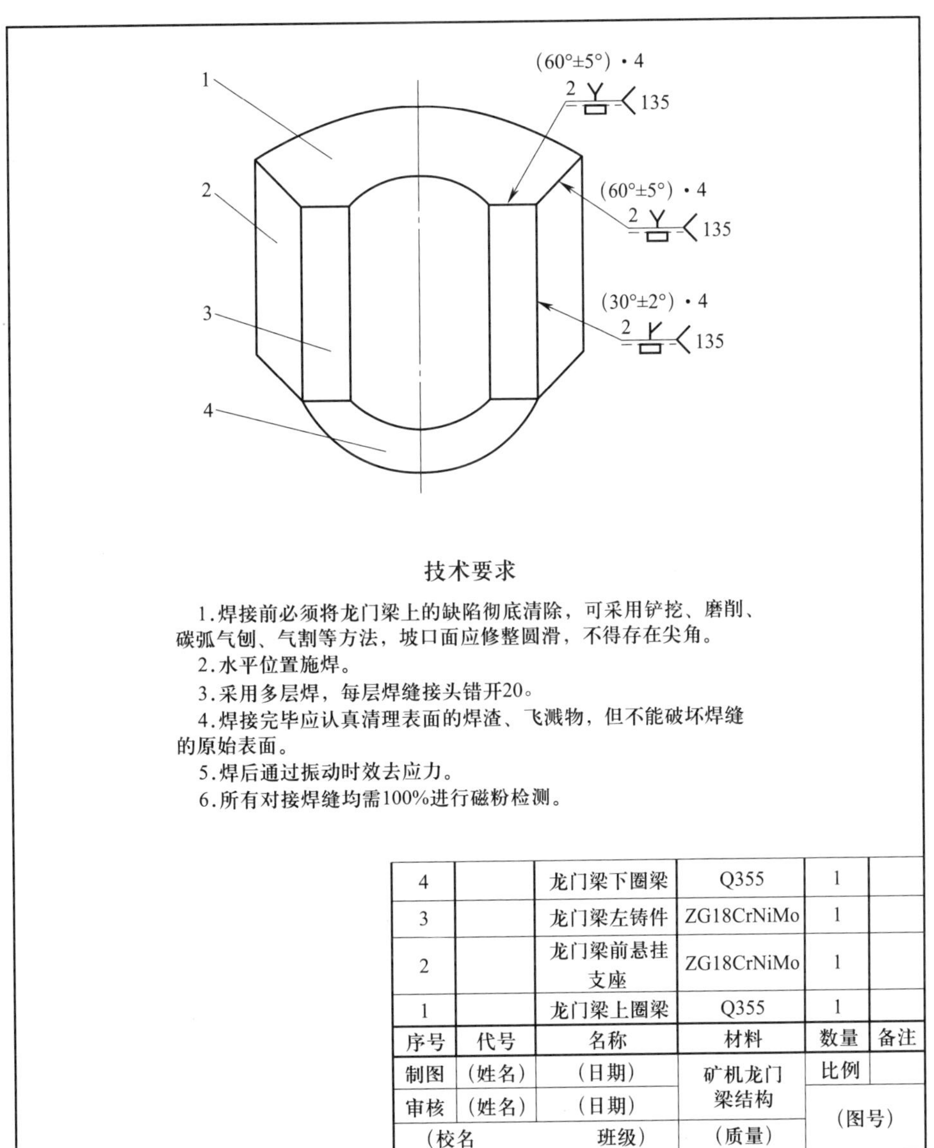

技术要求

1.焊接前必须将龙门梁上的缺陷彻底清除，可采用铲挖、磨削、碳弧气刨、气割等方法，坡口面应修整圆滑，不得存在尖角。

2.水平位置施焊。

3.采用多层焊，每层焊缝接头错开20。

4.焊接完毕应认真清理表面的焊渣、飞溅物，但不能破坏焊缝的原始表面。

5.焊后通过振动时效去应力。

6.所有对接焊缝均需100%进行磁粉检测。

序号	代号	名称	材料	数量	备注
4		龙门梁下圈梁	Q355	1	
3		龙门梁左铸件	ZG18CrNiMo	1	
2		龙门梁前悬挂支座	ZG18CrNiMo	1	
1		龙门梁上圈梁	Q355	1	
制图	（姓名）	（日期）	矿机龙门梁结构	比例	
审核	（姓名）	（日期）		（图号）	
（校名		班级）	（质量）		

图 1-1-1　矿机龙门梁结构焊接图样

3．矿机龙门梁结构焊接作业指导书见表 1–1–2。

表 1–1–2　　作业指导书

______公司	产品型号	______	车间	______车间	工位	矿机龙门梁结构拼焊
作业指导书	产品名称	矿机龙门梁结构	图号		内容	矿机龙门梁结构焊接

作业简图

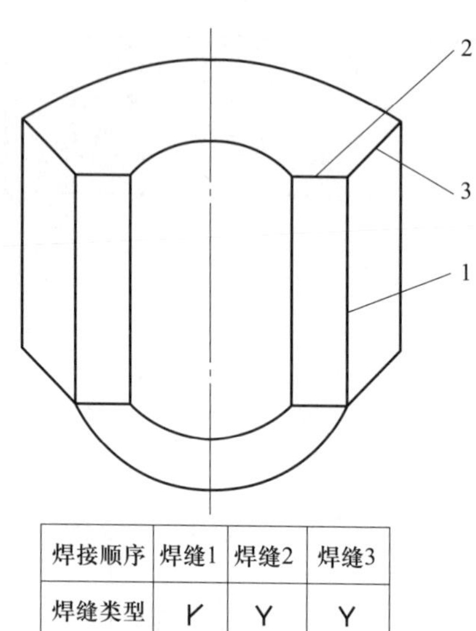

焊接顺序	焊缝1	焊缝2	焊缝3
焊缝类型	Y	Y	Y

注意事项	焊接过程说明
1. 铸钢件与低合金钢件焊缝焊丝规格：ER50–6，ϕ1.2 mm，铸钢件与铸钢件焊缝焊丝规格：ER70–G，ϕ1.2 mm 2. 铸钢件处焊缝焊前预热温度为 150 ~ 200 ℃，层间温度为 150 ~ 300 ℃；焊后后热至200 ~ 250 ℃，保持20 min，用石棉覆盖保温 3. 焊接每条焊缝前需去除定位焊缝 4. 焊后清理焊渣、焊瘤	焊缝 1：打底层焊接、填充层焊接，在焊缝 2 的焊道内起弧，共两处，为关键焊缝 焊缝 2：打底层焊接、填充层焊接，在左侧焊道内起弧，焊前清理焊缝 1 的焊接接头，共两处，为关键焊缝 焊缝 3：从焊缝 2 连续施焊

焊件编号	编制日期	审核	批准

二、明确工作内容

1．仔细阅读生产任务单中的任务要求，结合工作情景描述，叙述本学习任务的工作内容和工作要求。

2．根据矿机龙门梁结构焊接图样及作业指导书完成以下问题。

（1）从矿机龙门梁焊接图样可以看出，龙门梁前悬挂支座与龙门梁左铸件的焊缝、龙门梁前悬挂支座和龙门梁左铸件分别与龙门梁上圈梁的焊缝均为________焊缝。龙门梁前悬挂支座和龙门梁左铸件为________，材料为________；龙门梁上圈梁为________，材料为________。

（2）矿机龙门梁结构焊接材料包括焊丝及焊接用保护气体，其中龙门梁前悬挂支座和龙门梁左铸件采用________型焊丝，龙门梁前悬挂支座和龙门梁左铸件分别与龙门梁上圈梁均采用________型焊丝，保护气体为________（均为体积分数）的混合气体。

（3）铸钢件处焊缝焊接前预热温度为________℃，层间温度为________℃，焊后后热至________℃，保持________min，用石棉覆盖保温。

（4）在焊缝符号 (30°±2°)·4 2 ⊬ ▭ <135 中，⊬表示________焊缝，坡口角度为________，钝边为________mm，根部间隙为________mm，▭表示________，焊接方法为________。

（5）在焊缝符号 (60°±5°)·4 2 Y ▭ <135中，Y表示________焊缝，坡口角度为________，钝边为________mm，根部间隙为________mm，▭表示________，焊接方法为________。

子活动2　铸 钢 认 知

学习过程

如图 1-1-2 所示为铸钢件。

图 1-1-2　铸钢件

1．请收集铸钢相关知识，完成以下问题。

（1）铸钢的定义

（2）铸钢的分类

（3）铸钢的特点

2．了解铸钢焊接工艺。

（1）铸钢和铸铁相比有什么优点?

（2）铸钢的焊接方法有哪些?各适用于哪些场合?

（3）焊前预热的目的是什么？预热温度如何确定？

（4）铸钢件为什么要控制层间温度？层间温度如何确定？

（5）铸钢件焊接工艺规程包括哪些内容？

（6）焊后后热处理的目的是什么？

（7）焊后热处理的目的是什么？

子活动 3　学习活动评价

根据学习活动 1 的学习过程完成本学习活动评价，将评价结果填入表 1–1–3 中。

表 1–1–3　学习活动评价

<table>
<tr><td colspan="2">学习活动名称</td><td></td><td>小组名称</td><td></td><td>组员姓名</td><td colspan="4"></td></tr>
<tr><td colspan="2" rowspan="3">评价项目</td><td rowspan="3">评价内容</td><td colspan="2" rowspan="3">评价依据</td><td rowspan="3">分值</td><td colspan="3">评价方式</td><td rowspan="3">得分小计</td></tr>
<tr><td>自我评价</td><td>小组评价</td><td>教师评价</td></tr>
<tr><td>10%</td><td>40%</td><td>50%</td></tr>
<tr><td rowspan="5">关键能力</td><td rowspan="3">社会能力</td><td>安全、文明操作</td><td colspan="2">操作规范、安全</td><td>10</td><td></td><td></td><td></td><td></td></tr>
<tr><td>团队协作能力</td><td colspan="2">分工明确，互相配合</td><td>10</td><td></td><td></td><td></td><td></td></tr>
<tr><td>沟通表达能力</td><td colspan="2">仪容仪表，演示发言</td><td>10</td><td></td><td></td><td></td><td></td></tr>
<tr><td rowspan="2">方法能力</td><td>信息处理能力</td><td colspan="2">工作小结</td><td>10</td><td></td><td></td><td></td><td></td></tr>
<tr><td>学习能力</td><td colspan="2">工作页完成情况</td><td>10</td><td></td><td></td><td></td><td></td></tr>
<tr><td colspan="2">专业能力</td><td>识图和识读工艺文件的能力，铸钢认知</td><td colspan="2">课堂表述</td><td>50</td><td></td><td></td><td></td><td></td></tr>
<tr><td colspan="2">指导教师综合评价</td><td colspan="8">得分总计：

指导教师签名：　　　　　　　　日期：</td></tr>
</table>

注：自我评价、小组评价、教师评价时采用百分制。

学习活动2　技 能 准 备

学习目标

1. 能按要求使用设备和工具，严格执行焊接工艺文件，采用熔化极非惰性气体保护电弧焊方法完成铸钢件与铸钢件、铸钢件与低合金钢件水平位置对接焊缝的焊接。焊接过程中能采取有效措施预防及减少焊接缺陷、焊接变形和焊接应力。

2. 能按要求进行焊接接头的清理、自检。

3. 能按要求对铸钢件进行预热和焊后保温处理。

4. 能对熔化极非惰性气体保护电弧焊设备和工具等进行日常维护及保养。

学习活动描述

熔化极非惰性气体保护电弧焊是铸钢件焊接常用的焊接方法。铸钢件与铸钢件水平位置对接焊以及铸钢件与低合金钢件水平位置对接焊是实施矿机龙门梁结构焊接的基础，也是关键技能点，其焊接质量检验标准也是矿机龙门梁结构质量检验的要求。

总学时：60学时

子活动与建议学时

子活动1	铸钢件与铸钢件熔化极非惰性气体保护电弧焊对接平焊	30学时
子活动2	铸钢件与低合金钢件熔化极非惰性气体保护电弧焊对接平焊	28学时
子活动3	学习活动评价	2学时

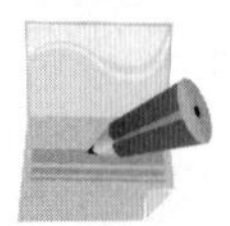

学习准备

资料与材料：工作页、技术标准、技术文件、专业书籍、龙门梁前悬挂支座、龙门梁左铸件、龙门梁上圈梁、焊丝、保护气体（20%CO_2+80%Ar）（均为体积分数）。

设备与工具：熔化极非惰性气体保护电弧焊设备、碳弧气刨设备、焊接辅助工具、夹具、通风及除尘设备等。

子活动 1　铸钢件与铸钢件熔化极非惰性气体保护电弧焊对接平焊

学习过程

铸钢件与铸钢件熔化极非惰性气体保护电弧焊对接平焊技能是中级焊工需掌握的技能之一。掌握该技能也是完成矿机龙门梁结构焊接任务的前提。焊工需要从焊件图中读取相关信息，并按照焊接工艺卡规定的焊接参数进行焊接。

一、焊件图与焊接工艺卡

1．焊件图（见图 1–2–1）

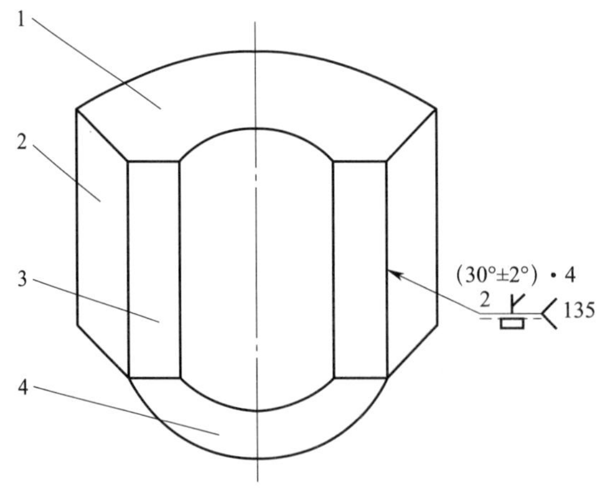

图 1–2–1　焊件图

1—龙门梁上圈梁　2—龙门梁前悬挂支座　3—龙门梁左铸件　4—龙门梁下圈梁

图 1–2–1 中的件 2 和件 3 是铸钢件，材料为________________，ZG 表示________________。

2．焊缝符号是指在焊接图样上标注出焊缝形式、焊缝尺寸和焊接方法等技术内容的符号。焊缝符号主要由基本符号、指引线、补充符号、尺寸符号及数据等组成，请画出铸钢件与铸钢件焊接焊件图中的焊缝符号并回答下列问题。

其中 V 表示母材开______形坡口，坡口角度为______，钝边为______mm，根部间隙为______mm，135 表示焊接方法为______。

3．焊接工艺卡（见表 1–2–1）

表 1–2–1　　　　焊接工艺卡

<table>
<tr><td>工程名称</td><td colspan="5">矿机龙门梁结构焊接</td><td colspan="3">工艺卡编号</td><td colspan="5">01</td></tr>
<tr><td>名称</td><td colspan="2">龙门梁左铸件＋龙门梁前悬挂支座焊接</td><td>材料</td><td colspan="2">ZG18CrNiMo</td><td colspan="3">焊接方法</td><td colspan="2">熔化极非惰性气体保护电弧焊</td><td colspan="2">焊工资格</td><td>特种作业操作证</td></tr>
<tr><td>焊评编号</td><td colspan="3">001</td><td colspan="2">无损检测</td><td colspan="5">按 GB/T 9444—2019[①]，用磁粉检测，检测比例为 100%</td><td colspan="2">合格等级</td><td>SM01 级、LM01 级、AM01 级</td></tr>
<tr><td>适用范围</td><td colspan="13">铸钢件板对接平焊焊缝</td></tr>
<tr><td>焊接层次</td><td>焊接电流/A</td><td colspan="3">电弧电压/V</td><td>气体流量/（L/min）</td><td colspan="2">保护气体种类</td><td colspan="2">焊丝直径/mm</td><td>预热温度/℃</td><td>层间温度/℃</td><td colspan="2">焊接速度/（cm/min）</td></tr>
<tr><td>1</td><td>240 ~ 260</td><td colspan="3">26 ~ 28</td><td rowspan="2">15 ~ 20</td><td colspan="2" rowspan="2">20%CO_2+80%Ar（均为体积分数）</td><td colspan="2" rowspan="2">1.2</td><td rowspan="2">150 ~ 200</td><td rowspan="2">150 ~ 300</td><td colspan="2" rowspan="2">30 ~ 50</td></tr>
<tr><td>2 ~ 5</td><td>260 ~ 280</td><td colspan="3">28 ~ 30</td></tr>
<tr><td>坡口尺寸及熔敷图</td><td colspan="5">32
2
5
4
20</td><td>焊接技术要点</td><td colspan="7">1．焊前清理焊缝周围 20 mm 范围内的水渍、油污、锈蚀、飞溅物等影响焊接质量的杂质
2．铸钢件与铸钢件焊缝焊丝型号为 ER70–G
3．铸钢件处焊缝焊前预热温度为 150 ~ 200 ℃，层间温度为 150 ~ 300 ℃，焊后后热至 200 ~ 250 ℃，保持 20 min，用石棉覆盖保温
4．焊接每条焊缝前需去除定位焊缝
5．对接焊缝的棱边打磨成圆弧过渡
6．焊后清理焊渣、焊瘤
7．所有关键焊缝均需 100% 进行磁粉检测</td></tr>
</table>

从焊接工艺卡中可以看出，焊接龙门梁左铸件与龙门梁前悬挂支座时采用______，焊缝分______层______道焊接；焊后需经______检测，合格等级为______级。焊接过程中参考焊接工艺卡给出焊接电流、电弧电压、焊接速度等焊接参数，严格控制热输入。

① 国家标准《铸钢铸铁件　磁粉检测》（GB/T 9444—2019）。

二、焊前准备

1．写出铸钢件与铸钢件焊接所需的工具、材料、设备。

（1）工具

安全防护用品：

辅助工具：

检测工具：

（2）材料

母材、焊接材料：

（3）设备

2．将焊前安全检查项目的序号填入对应的括号内，并完成相应的安全检查。

（ ）周围 10 m 范围内无易燃、易爆物品；面积≥ 4 m^2；照明良好。

（ ）无漏电、漏水（水冷式焊机）现象；风扇运转正常；通风、除尘系统正常。

（ ）无漏电、电缆破损现象。

（ ）无破损，能正常使用；防尘口罩可过滤或隔离烟尘和有毒气体。

（ ）遮挡严密，无漏光现象。

①焊机；②焊接防护服、焊工防护手套、安全防护鞋及防尘口罩；③焊接防护面罩和护目镜片；④角向磨光机；⑤场地。

3．写出铸钢件的清理方法及清理要求。

4．焊前预热

（1）常用的预热方法有哪两种?

（2）如果采用火焰加热预热，判断下列注意事项是否正确。

1）通常在焊缝周围 150 mm 范围内进行加热，预热温度用测温计或红外测温仪进行测量，预热时选择在工件背面加热，如果不能在背面加热，也可以在正面加热，但必须清除加热过程中在坡口周围 25 mm 内产生的积碳。（ ）

2）预热装置使用前应检查射吸能力、气密性等技术性能，并要求气路畅通，阀门严密，调节灵活，连接部位紧密、不泄漏。（ ）

3）预热装置应定期检查、维护、修理、更换，严禁带故障使用。（　　）

4）若发生烧损、磨损现象，不符合标准应及时更换。（　　）

5）禁止采用在地面或物体上摩擦焊炬、割炬端部的方式清除焊嘴或割嘴的堵塞物。（　　）

6）使用预热装置时，应先排净回火防止器内的空气（或氧气）、乙炔混合气体。如果发生回火，应立即关闭焊（割）炬阀门，避免发生事故。（　　）

7）熄灭预热火焰时，应先关闭乙炔阀门，再关闭氧气阀门。（　　）

8）工作暂停或结束后，将压力表的指针调至零位。同时还要将焊炬和胶管盘好，挂在靠墙的架子上或拆下胶管将焊炬存放在工具箱内。（　　）

（3）使用工业电热毯加热的优点是什么？如何进行操作？

（4）铸钢件焊接预热温度是多少？层间温度是多少？

（5）如何测量预热温度？

三、装配与焊接

1．按要求进行焊前准备检查，完成表 1–2–2 的填写工作。若坡口尺寸、钝边、焊缝清理不符合要求，须修整合格后再进行定位焊。

表 1–2–2　　焊前准备检查

检查指标	坡口尺寸	钝边	焊缝清理
规定值	30° ±2°	2 mm	焊缝周围 20 mm
测量值			
是否符合要求			

2．定位焊

定位焊的焊接材料与正式焊接时的材料一致，使用的焊丝为____________，焊丝直径为__________mm，焊接用气体为____，定位焊的电流要比正式焊接时稍大一些。定位焊后将焊缝处飞溅物清理干净，并且定位焊缝不允许出现任何缺陷，如出现缺陷，必须将其清理干净后重焊。单个定位焊缝长度为__________ mm，间距为__________ mm。

3．装配质量检验

施焊前，复查组装质量、定位焊质量和焊接部位的清理情况，若不符合要求，修整合格后方可施焊。请按要求进行装配质量检验，完成表 1–2–3 的填写工作。

表 1–2–3　　装配质量检验

检查指标	定位焊缝长度	定位焊缝间距	焊缝清理	有无焊接缺陷
规定值	50 mm	300 mm	焊缝周围 20 mm	无
测量值				
是否符合要求				

4．焊前预热

（1）如何进行预热?

（2）如图 1–2–2 所示为红外测温仪，查阅资料，写出其工作原理。

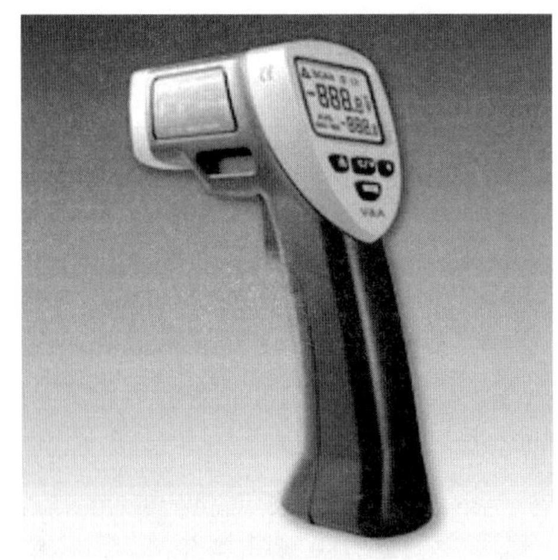

图 1–2–2　红外测温仪

（3）应在何时测量预热温度？

5．焊接龙门梁左铸件和龙门梁前悬挂支座

（1）正式施焊前如何处理定位焊缝？

（2）写出龙门梁左铸件和龙门梁前悬挂支座焊接注意事项。

（3）焊接龙门梁左铸件和龙门梁前悬挂支座时层间温度如何控制？

（4）请认真观摩指导教师现场焊接操作示范，选用符合规定的焊接参数分组进行焊接技能练习，记录焊接时实际选用的焊接参数，完成表 1–2–4 的填写工作。

表 1–2–4　龙门梁左铸件和龙门梁前悬挂支座焊接参数

焊接层次	焊接电流 /A	电弧电压 /V	气体流量 /（L/min）	层间温度 /℃
1				
2				
3				
4				
5				

6．根据焊后清理要求，在图 1–2–3 所示的方框内写出焊后清理的对象。

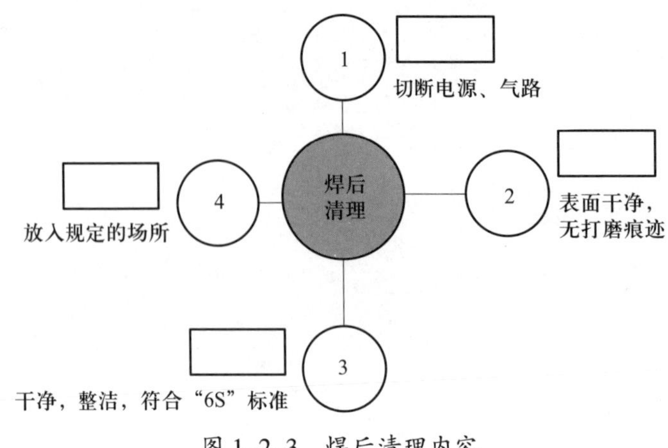

图 1–2–3　焊后清理内容

7．如何进行铸钢件缓冷？

四、检验

1．写出检验龙门梁左铸件和龙门梁前悬挂支座焊缝外部质量时所需工具和量具。

2．各组分工合作，将每名组员的外部质量检测结果填入技能鉴定评分表中（见表 1–2–5），并计算自检得分、小组检测得分和教师检测得分，填写表 1–2–6。

表 1–2–5　技能鉴定评分表

序号	考核内容	考核要点	评分标准	配分	扣分	得分
1	焊前准备	个人防护装备及工具准备齐全，焊接参数设置、设备调试正确	个人防护装备及工具不符合要求，焊接参数设置及设备调试不正确，有一项扣 1 分，扣完为止	5		

续表

序号	考核内容	考核要点	评分标准	配分	扣分	得分
2	焊接操作	固定焊件的空间位置符合要求	超出规定范围扣 10 分	10		
3	外部质量	焊缝表面不允许有焊瘤、气孔、烧穿、夹渣等缺陷	出现任何一项缺陷该项不得分	10		
		焊缝咬边	1．咬边深度≤ 0.5 mm 时，每 5 mm 长度扣 1 分，累计长度超过焊缝有效长度的 15% 时，不得分 2．0.5 mm< 咬边深度≤ 1.5 mm 时，每 5 mm 长度扣 2 分，累计长度超过焊缝有效长度的 15% 时，不得分 3．咬边深度 >1.5 mm 时，不得分	8		
		未焊透	1．未焊透深度≤ 15% δ，且≤ 1.5 mm 时，累计长度超过焊缝有效长度的 10% 时，不得分 2．未焊透深度 >1.5 mm 时，不得分	8		
		背面凹坑	1．深度≤ 20% δ 且≤ 2 mm 时，累计长度超过焊缝有效长度的 10% 时，不得分 2．深度 >2 mm 时，不得分	4		
		焊缝余高、焊缝宽度及宽度差	焊缝余高为 0 ～ 3 mm，焊缝宽度比坡口每侧增宽 0.5 ～ 2.5 mm，宽度差≤ 3 mm，每种尺寸超差一处扣 2 分，扣完为止	10		
		错边量≤ 10% δ	超差不得分	5		
		焊后角变形≤ 3°	超差不得分	5		
4	内部质量	磁粉检测	根据 GB/T 9444—2019，SM01 级、LM01 级、AM01 级为满分，每降一级扣 5 分，扣完为止	30		
5	其他	安全文明生产	设备复原，工具摆放整齐，清理焊件，打扫场地，关闭电源，出现一处不符合要求扣 1 分，扣完为止	5		
6	定额	操作时间	每超过 1 min 从总分中扣 2 分			
合 计（自检）				100		

否定项（出现一项该次焊接操作不合格）：

（1）焊缝出现裂纹、未熔合缺陷。

（2）焊接时间超过定额 50%。

（3）焊件原始表面破坏。

（4）未进行磁粉检测。

表 1-2-6　　检测结果

检测方式	自检（10%）	小组检测（40%）	教师检测（50%）	总分
得分				

3．按照世界技能大赛外观检验标准进行评分，计算评分结果，完成表 1–2–7 的填写工作。

表 1–2–7　　世界技能大赛评分表

序号	分值	评分内容	要求	实测值 / 结果	得分
1	0.5	有无电弧擦伤	是 / 否		
2	0.5	有无打磨痕迹	是 / 否		
3	0.5	有无表面气孔	是 / 否		
4	0.5	焊接接头是否有咬边， 允许咬边最大深度为 0.5 mm	是 / 否		
5	0.5	是否有未焊透和根部未熔合	是 / 否		
6	0.5	是否有焊瘤	是 / 否		
7	0.5	是否有下塌（过分熔透）且下塌≤ 2 mm	是 / 否		
8	0.5	余高是否在允许范围内 （允许余高为 0 ～ 3 mm， 且同一焊道的变化范围≤ 1.5 mm）	是 / 否		
9	0.5	坡口是否焊满	是 / 否		
10	0.5	是否有错边	是 / 否		
11	0.5	对接焊缝宽度是否均匀一致， 允许宽度差≤ 2 mm	是 / 否		
总分		5.5	实际得分		

4．填写好工序流转单（见表 1–2–8），交给下一道工序。

表 1–2–8　　工序流转单

产品名称	矿机龙门梁结构	工序名称	龙门梁左铸件与龙门梁前悬挂支座拼焊
工段		班组	
工序名称	负责人签字	施工人员签字	日期
龙门梁左铸件与龙门梁前悬挂支座定位焊			
龙门梁左铸件与龙门梁前悬挂支座焊接			

5．每位同学写一份学习小结，字数不少于 200 字。各组派一名代表叙述。

五、子活动学习评价

学习活动评价见表 1–2–9。

表 1–2–9　学习活动评价

<table>
<tr><td colspan="2">学习活动名称</td><td></td><td>小组名称</td><td></td><td>组员姓名</td><td colspan="4"></td></tr>
<tr><td colspan="2" rowspan="3">评价项目</td><td rowspan="3">评价内容</td><td colspan="2" rowspan="3">评价依据</td><td rowspan="3">分值</td><td colspan="3">评价方式</td><td rowspan="3">得分小计</td></tr>
<tr><td>自我评价</td><td>小组评价</td><td>教师评价</td></tr>
<tr><td>10%</td><td>40%</td><td>50%</td></tr>
<tr><td rowspan="5">关键能力</td><td rowspan="3">社会能力</td><td>安全、文明操作</td><td colspan="2">操作规范、安全</td><td>10</td><td></td><td></td><td></td><td></td></tr>
<tr><td>团队协作能力</td><td colspan="2">分工明确，互相配合</td><td>10</td><td></td><td></td><td></td><td></td></tr>
<tr><td>沟通表达能力</td><td colspan="2">仪容仪表，演示发言</td><td>10</td><td></td><td></td><td></td><td></td></tr>
<tr><td rowspan="2">方法能力</td><td>信息处理能力</td><td colspan="2">工作小结</td><td>10</td><td></td><td></td><td></td><td></td></tr>
<tr><td>学习能力</td><td colspan="2">工作页完成情况</td><td>10</td><td></td><td></td><td></td><td></td></tr>
<tr><td colspan="2">专业能力</td><td>焊接质量</td><td colspan="2">评分表</td><td>50</td><td></td><td></td><td></td><td></td></tr>
<tr><td colspan="2">指导教师综合评价</td><td colspan="8">得分总计：

指导教师签名：　　　　　　　　日期：</td></tr>
</table>

注：自我评价、小组评价、教师评价时采用百分制。

子活动 2　铸钢件与低合金钢件熔化极非惰性气体保护电弧焊对接平焊

学习过程

铸钢件与低合金钢件熔化极非惰性气体保护电弧焊对接平焊技能是中级焊工需掌握的技能之一。掌握该技能也是完成矿机龙门梁结构焊接任务的前提。焊工需要从焊件图中读取相关信息，并按照焊接工艺卡规定的焊接参数进行焊接。

一、焊件图与焊接工艺卡

1．焊件图（见图 1–2–4）

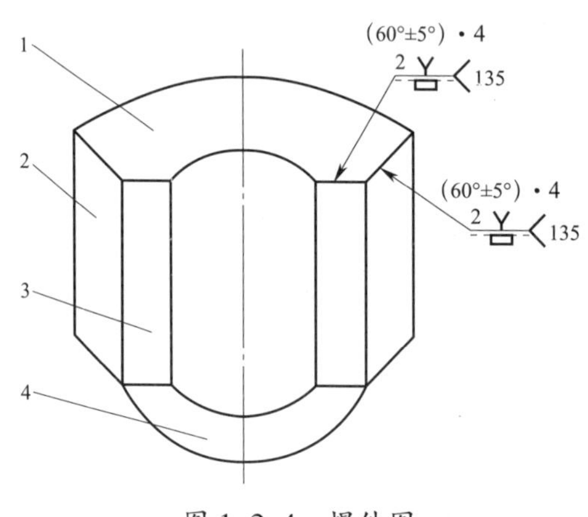

图 1–2–4　焊件图

1—龙门梁上圈梁　2—龙门梁前悬挂支座　3—龙门梁左铸件　4—龙门梁下圈梁

图 1–2–4 所示焊件要完成件 1 和件 2、件 1 和件 3 的焊接，此结构为________焊接，其中铸钢件的材料为________，低合金钢件材料为________。

2．画出铸钢件与低合金钢件焊接焊件图中的焊缝符号并回答下列问题。

其中Y表示母材开______形坡口，坡口角度为________，钝边为______ mm，根部间隙为______ mm，135 表示焊接方法为________________。

3．焊接工艺卡（见表 1-2-10）

表 1-2-10　焊接工艺卡

<table>
<tr><td>工程名称</td><td colspan="3">矿机龙门梁结构焊接</td><td colspan="2">工艺卡编号</td><td colspan="3">02</td></tr>
<tr><td>名称</td><td colspan="2">龙门梁左铸件＋龙门梁前悬挂支座＋龙门梁上圈梁焊接</td><td>材料</td><td>铸钢件材料为 ZG18CrNiMo
低合金钢件材料为 Q355</td><td>焊接方法</td><td colspan="2">熔化极非惰性气体保护电弧焊</td><td>焊工资格
特种作业操作证</td></tr>
<tr><td>焊评编号</td><td colspan="2">002</td><td>无损检测</td><td colspan="3">按 GB/T 9444—2019，用磁粉检测，检测比例为 100%</td><td>合格等级</td><td>SM01 级、LM01 级、AM01 级</td></tr>
<tr><td>适用范围</td><td colspan="8">铸钢件与低合金钢件板对接平焊焊缝</td></tr>
<tr><td>焊接层次</td><td>焊接电流 /A</td><td>电弧电压 /V</td><td>气体流量 /（L/min）</td><td>保护气体种类</td><td>焊丝直径 /mm</td><td>预热温度 /℃</td><td>层间温度 /℃</td><td>焊接速度 /（cm/min）</td></tr>
<tr><td>1</td><td>260 ~ 280</td><td>28 ~ 30</td><td rowspan="2">15 ~ 20</td><td rowspan="2">20%CO_2+80%Ar（均为体积分数）</td><td rowspan="2">1.2</td><td rowspan="2">150 ~ 200</td><td rowspan="2">150 ~ 300</td><td rowspan="2">35 ~ 55</td></tr>
<tr><td>2 ~ 5</td><td>280 ~ 300</td><td>30 ~ 32</td></tr>
<tr><td>坡口尺寸及熔敷图</td><td colspan="3"></td><td>焊接技术要点</td><td colspan="4">1．焊前清理焊缝周围 20 mm 范围内的水渍、油污、锈蚀、飞溅物等影响焊接质量的杂质
2．焊丝型号为 ER50-6
3．铸钢件处焊缝焊接前预热温度为 150 ~ 200 ℃，层间温度为 150 ~ 300 ℃，焊后后热至 200 ~ 250 ℃，保持 20 min，用石棉覆盖保温
4．焊接每条焊缝前需去除定位焊缝
5．对接焊缝的棱边打磨成圆弧过渡
6．焊后清理焊渣、焊瘤
7．所有关键焊缝均需 100% 进行磁粉检测</td></tr>
</table>

从焊接工艺卡中可以看出，龙门梁左铸件、龙门梁前悬挂支座、龙门梁上圈梁采用____，焊缝分________层________道焊接；焊后需经________________检测，合格等级为________级。

二、焊前准备

1．将提供的设备、材料、辅助工具、安全防护用品和检测工具分类填入表 1-2-11 中。

焊接防护面罩、焊工防护手套、焊接防护服、安全防护鞋、耳塞、防尘口罩、安全帽、角向磨光机、内磨机、活扳手、钢丝钳、清瘤铲、焊接检验尺、咬边尺、直角尺、游标卡尺、铸钢件、低合金钢件、焊丝、保护气体、CO_2 气体保护焊焊机、碳弧气刨机

表 1-2-11　　设备、材料、辅助工具、安全防护用品和检测工具分类

设备	
材料	
辅助工具	
安全防护用品	
检测工具	

2．写出表 1-2-12 所列的焊前安全检查项目的要求。

表 1-2-12　　焊前安全检查项目要求

序号	检测项目	要求
1	场地	
2	设备	
3	工具	
4	夹具	
5	安全防护用品	

3．铸钢件的焊前清理要求与低合金钢件有什么不同？如何对铸钢件和低合金钢件焊缝进行焊前清理？

4．焊前预热

（1）铸钢件与低合金钢件焊接属于异种材料焊接，如何确定预热温度？

（2）铸钢件预热时选择哪种预热方式？预热温度如何控制？

（3）是否可以在焊件正面进行预热？为什么？如果条件不允许在焊件背面预热，应如何处理？

三、装配与焊接

1．按要求进行焊前准备检查，完成表 1–2–13 的填写工作。若坡口尺寸、钝边、焊缝清理不符合要求，须修整合格后再进行定位焊。

表 1–2–13　　焊前准备检查

检查指标	坡口尺寸	钝边	焊缝清理
规定值	60° ±5°	2 mm	焊缝周围 20 mm
测量值			
是否符合要求			

2．定位焊

定位焊的焊接材料与正式焊接时的材料一致，使用的焊丝为____________，焊丝直径为__________ mm，焊接用气体为____，定位焊的电流要比正式焊接时稍大一些。定位焊后将焊缝处飞溅物清理干净，并且定位焊缝不允许出现任何缺陷，如出现缺陷，必须将其清理干净后重焊。单个定位焊缝长度为__________mm，间距为__________ mm。

3．装配质量检验

施焊前，复查组装质量、定位焊质量和焊接部位的清理情况，若不符合要求，修整合格后方可施焊。请按要求进行装配质量检验，完成表 1–2–14 的填写工作。

表 1-2-14 装配质量检验

检查指标	定位焊缝长度	定位焊缝间距	焊缝清理	有无焊接缺陷
规定值	50 mm	300 mm	焊缝周围 20 mm	无
测量值				
是否符合要求				

4．焊前预热

（1）如何进行预热？

（2）试述红外测温仪的操作步骤。

（3）应在何时测量预热温度？

5．焊接龙门梁左铸件、龙门梁前悬挂支座和龙门梁上圈梁

（1）正式施焊前如何处理定位焊缝？

（2）写出龙门梁左铸件、龙门梁前悬挂支座和龙门梁上圈梁焊接注意事项。

（3）判断下列关于多层、多道焊的说法是否正确。

1）板厚≥ 8 mm 时，应采用多层、多道焊接。（　　）

2）打底层焊接时，在保证熔透的情况下，应尽可能选取小电流、低电压、高焊接速度，以减小焊接热输入和焊缝厚度。（　　）

3）一条焊缝分段焊接时，搭接尺寸应不少于 15 mm，多层、多道焊时每一道焊缝接口位置应错开，而不应在一条垂直线上，每层、每道焊缝起弧和收弧位置应错开 40 ～ 60 mm。（　　）

4）多层、多道焊应连续施焊，每一道焊缝完成后应及时清理焊渣及表面飞溅物，发现影响焊接质量的缺陷时，应清除后方可再焊。（　　）

5）连续焊接过程中应控制焊接区母材温度，使层间温度的下限不低于预热温度，符合焊接开始时预热温度。（　　）

6）结构件在焊后冷却至室温前应尽可能避免吊转、翻动或敲击焊件。（　　）

7）引弧部位应在焊缝区域且不应在焊缝端部，绝不允许在非焊缝区域进行引弧，如有必要可增加引弧板。同时应避免电弧擦伤母材。（　　）

8）焊后不准撞砸接头，不准往刚焊完的接头或钢材上浇水、浇油或以风冷方式进行快速降温。低温环境下应采用石棉等进行缓冷。（　　）

9）低温环境下焊接不准立即清渣，应待焊缝降温后再清渣。（　　）

10）隐蔽部位的焊缝必须验收合格后方可进行下道工序。（　　）

（4）焊接龙门梁左铸件、龙门梁前悬挂支座和龙门梁上圈梁时层间温度是多少？如果层间温度低于预热温度应如何处理？

（5）请认真观摩指导教师现场焊接操作示范，选用符合规定的焊接参数分组进行焊接技能练习，记录焊接时实际选用的焊接参数，完成表 1–2–15 的填写工作。

表 1–2–15　龙门梁左铸件、龙门梁前悬挂支座和龙门梁上圈梁焊接参数

焊接层次	焊接电流 /A	电弧电压 /V	气体流量 /（L/min）	层间温度 /℃
1				
2				

续表

焊接层次	焊接电流 /A	电弧电压 /V	气体流量 /（L/min）	层间温度 /℃
3				
4				
5				

6．写出焊后清理的要求，填写表 1–2–16。

表 1–2–16　　焊后清理要求

序号	内容	要求
1	焊件	
2	场地	
3	设备	
4	工具	

7．简述在龙门梁左铸件、龙门梁前悬挂支座和龙门梁上圈梁焊接中出现的问题及解决措施。

四、检验

1．写出检验龙门梁左铸件、龙门梁前悬挂支座和龙门梁上圈梁焊缝外部质量时所需工具和量具。

2．焊接质量检验包括外部质量检验和内部质量检验两方面。焊后外部质量检验可借助焊接检验尺、低倍放大镜、标准样板、手电筒和量规等检测工具检测焊接接头的形状、尺寸和缺陷。各组分工合作，将每名组员的外部质量检测结果填入技能鉴定评分表中（见表 1–2–17），并计算自检得分、小组检测得分和教师检测得分，填写表 1–2–18。

表 1-2-17　　技能鉴定评分表

序号	考核内容	考核要点	评分标准	配分	扣分	得分
1	焊前准备	个人防护装备及工具准备齐全，焊接参数设置、设备调试正确	个人防护装备及工具不符合要求，焊接参数设置及设备调试不正确，有一项扣 1 分，扣完为止	5		
2	焊接操作	固定焊件的空间位置符合要求	超出规定范围扣 10 分	10		
3	外部质量	焊缝表面不允许有焊瘤、气孔、烧穿、夹渣等缺陷	出现任何一项缺陷该项不得分	10		
		焊缝咬边	1. 咬边深度≤ 0.5 mm 时，每 5 mm 长度扣 1 分，累计长度超过焊缝有效长度的 15% 时，不得分 2. 0.5 mm< 咬边深度≤ 1.5 mm 时，每 5 mm 长度扣 2 分，累计长度超过焊缝有效长度的 15% 时，不得分 3. 咬边深度 >1.5 mm 时，不得分	8		
		未焊透	1. 未焊透深度≤ 15% δ，且≤ 1.5 mm 时，累计长度超过焊缝有效长度的 10% 时，不得分 2. 未焊透深度 >1.5 mm 时，不得分	8		
		背面凹坑	1. 深度≤ 20% δ 且≤ 2 mm 时，累计长度超过焊缝有效长度的 10% 时，不得分 2. 深度 >2 mm 时，不得分	4		
		焊缝余高、焊缝宽度及宽度差	焊缝余高为 0 ~ 3 mm，焊缝宽度比坡口每侧增宽 0.5 ~ 2.5 mm，宽度差≤ 3 mm，每种尺寸超差一处扣 2 分，扣完为止	10		
		错边量≤ 10% δ	超差不得分	5		
		焊后角变形≤ 3°	超差不得分	5		
4	内部质量	磁粉检测	根据 GB/T 9444—2019，SM01 级、LM01 级、AM01 级为满分，每降一级扣 5 分，扣完为止	30		
5	其他	安全文明生产	设备复原，工具摆放整齐，清理焊件，打扫场地，关闭电源，出现一处不符合要求扣 1 分，扣完为止	5		
6	定额	操作时间	每超过 1 min 从总分中扣 2 分			
合计（自检）				100		

否定项（出现一项该次焊接操作不合格）：

（1）焊缝出现裂纹、未熔合缺陷。

（2）焊接时间超过定额 50%。

（3）焊件原始表面破坏。

（4）未进行磁粉检测。

表 1–2–18　　检测结果

检测方式	自检（10%）	小组检测（40%）	教师检测（50%）	总分
得分				

3．按照世界技能大赛外观检验标准进行评分，计算评分结果，完成表 1–2–19 的填写工作。

表 1–2–19　　世界技能大赛评分表

序号	分值	评分内容	要求	实测值 / 结果	得分
1	0.5	有无电弧擦伤	是 / 否		
2	0.5	有无打磨痕迹	是 / 否		
3	0.5	有无表面气孔	是 / 否		
4	0.5	焊接接头是否有咬边， 允许咬边最大深度为 0.5 mm	是 / 否		
5	0.5	是否有未焊透和根部未熔合	是 / 否		
6	0.5	是否有焊瘤	是 / 否		
7	0.5	是否有下塌（过分熔透）且下塌≤ 2 mm	是 / 否		
8	0.5	余高是否在允许范围内 （允许余高为 0 ～ 3 mm， 且同一焊道的变化范围≤ 1.5 mm）	是 / 否		
9	0.5	坡口是否焊满	是 / 否		
10	0.5	是否有错边	是 / 否		
11	0.5	对接焊缝宽度是否均匀一致， 允许宽度差≤ 2 mm	是 / 否		
总分		5.5	实际得分		

4．填写好工序流转单（见表 1–2–20），交给下一道工序。

表 1–2–20　　工序流转单

产品名称	矿机龙门梁结构	工序名称	龙门梁左铸件、龙门梁前悬挂支座和龙门梁上圈梁拼焊
工段		班组	
工序名称	负责人签字	施工人员签字	日期
龙门梁左铸件、龙门梁前悬挂支座和龙门梁上圈梁定位焊			
龙门梁左铸件、龙门梁前悬挂支座和龙门梁上圈梁焊接			

5．每位同学写一份学习小结，字数不少于 200 字。各组派一名代表叙述。

五、子活动学习评价

学习活动评价见表 1–2–21。

表 1–2–21　学习活动评价

<table>
<tr><td colspan="2">学习活动名称</td><td></td><td>小组名称</td><td></td><td>组员姓名</td><td colspan="4"></td></tr>
<tr><td colspan="2" rowspan="3">评价项目</td><td rowspan="3">评价内容</td><td colspan="2" rowspan="3">评价依据</td><td rowspan="3">分值</td><td colspan="3">评价方式</td><td rowspan="3">得分小计</td></tr>
<tr><td>自我评价</td><td>小组评价</td><td>教师评价</td></tr>
<tr><td>10%</td><td>40%</td><td>50%</td></tr>
<tr><td rowspan="5">关键能力</td><td rowspan="3">社会能力</td><td>安全、文明操作</td><td colspan="2">操作规范、安全</td><td>10</td><td></td><td></td><td></td><td></td></tr>
<tr><td>团队协作能力</td><td colspan="2">分工明确，互相配合</td><td>10</td><td></td><td></td><td></td><td></td></tr>
<tr><td>沟通表达能力</td><td colspan="2">仪容仪表，演示发言</td><td>10</td><td></td><td></td><td></td><td></td></tr>
<tr><td rowspan="2">方法能力</td><td>信息处理能力</td><td colspan="2">工作小结</td><td>10</td><td></td><td></td><td></td><td></td></tr>
<tr><td>学习能力</td><td colspan="2">工作页完成情况</td><td>10</td><td></td><td></td><td></td><td></td></tr>
<tr><td colspan="2">专业能力</td><td>焊接质量</td><td colspan="2">评分表</td><td>50</td><td></td><td></td><td></td><td></td></tr>
<tr><td colspan="2">指导教师综合评价</td><td colspan="8">得分总计：

指导教师签名：　　　　　　　　日期：</td></tr>
</table>

注：自我评价、小组评价、教师评价时采用百分制。

子活动 3　学习活动评价

根据学习活动 2 的学习过程完成本学习活动评价，将评价结果填入表 1–2–22 中。

表 1–2–22　　学习活动评价

学习活动名称			小组名称		组员姓名		
评价项目		评价内容	铸钢件与铸钢件熔化极非惰性气体保护电弧焊对接平焊		铸钢件与低合金钢件熔化极非惰性气体保护电弧焊对接平焊		总分
			50%		50%		
			小分	合计	小分	合计	
关键能力	社会能力	安全、文明操作					
		团队协作能力					
		沟通表达能力					
	方法能力	信息处理能力					
		学习能力					
专业能力		焊接质量					
指导教师综合评价		指导教师签名：　　　　日期：					

学习活动3　制 订 计 划

学习目标

1. 能明确矿机龙门梁结构加工工艺流程，制订详尽的工作计划，保证矿机龙门梁结构焊接顺利实施。

2. 能通过有效沟通，对工作计划进行修改，形成可实施的方案。

学习活动描述

明确矿机龙门梁结构焊接工艺流程，通过识读矿机龙门梁结构焊接图样，提取有效信息，确定技术要点和质量控制点，进行设备分配和成员分组，确保矿机龙门梁结构焊接顺利进行。

总学时：8学时

子活动与建议学时

子活动1　工作计划编写　　3学时

子活动2　工作计划审定　　3学时

子活动3　学习活动评价　　2学时

学习准备

资料与材料：工作页、技术标准、技术文件、专业书籍。

子活动 1　工作计划编写

学习过程

一、加工工艺流程

接受任务，识读工艺图样 ——→ 分析技术要点和质量控制点 ——→ 现场准备 ——→ 焊前准备 ——→ 装配 ——→ 焊接 ——→ 焊接质量检验 ——→ 缺陷返修。

二、根据加工工艺流程制订详尽的工作计划

1．接受任务，识读工艺图样

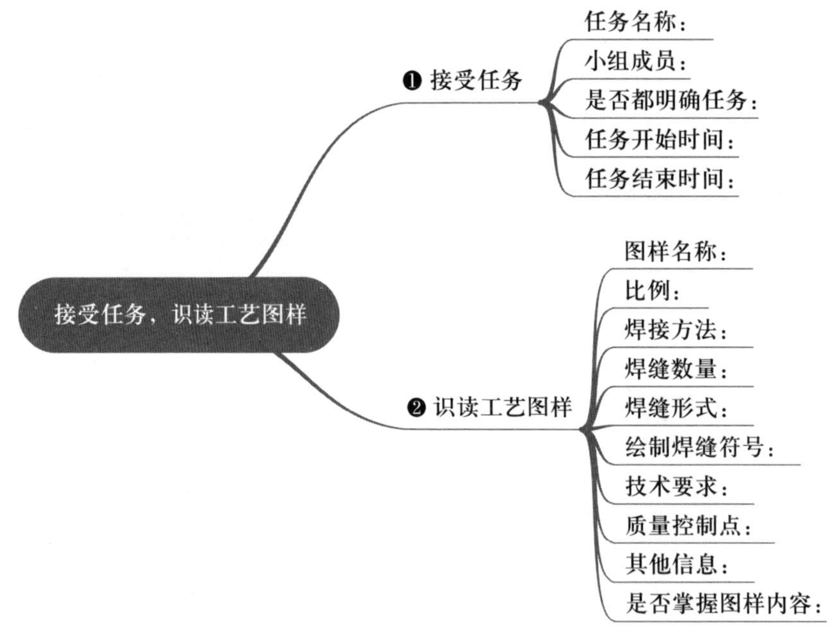

2．分析技术要点和质量控制点

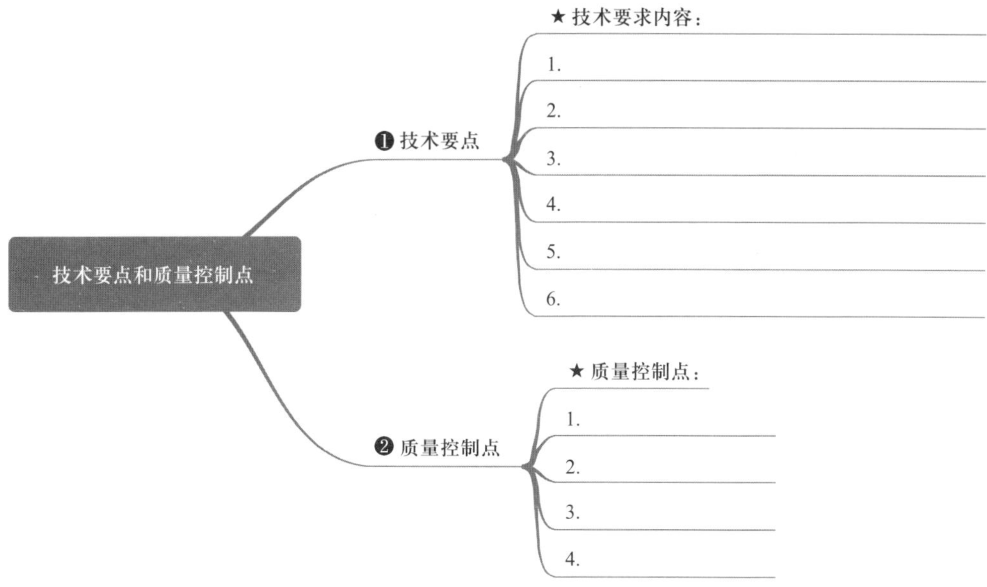

3．现场准备

根据表 1-3-1 所列的图片填写矿机龙门梁结构焊接现场所需准备的设备、工具和材料。

表 1-3-1　焊接现场所需准备的设备、工具和材料

名称	图示	名称	图示

续表

名称	图示	名称	图示
			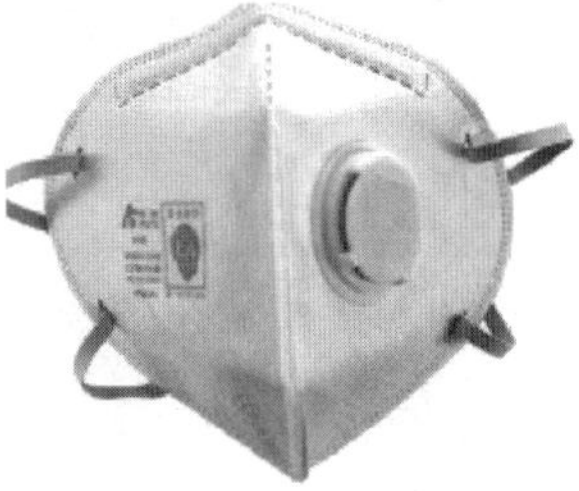
	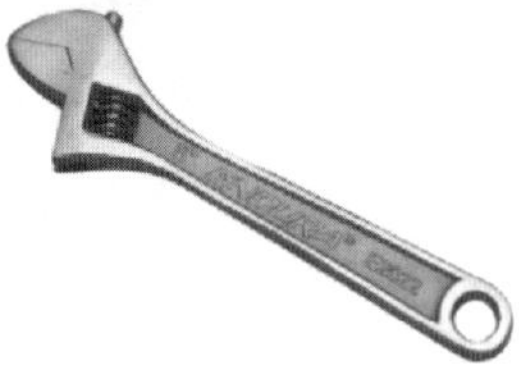		

	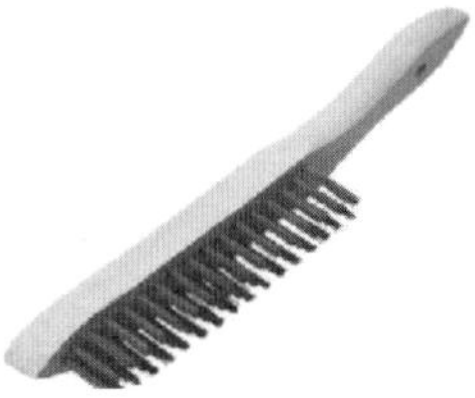		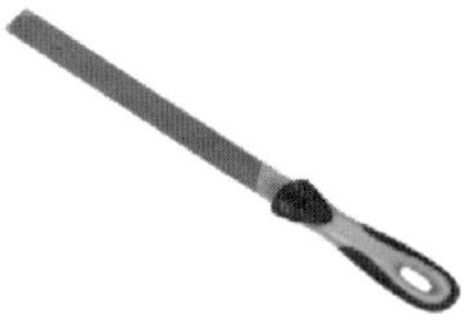
	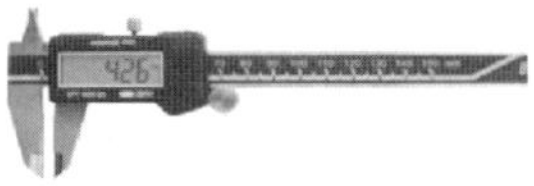		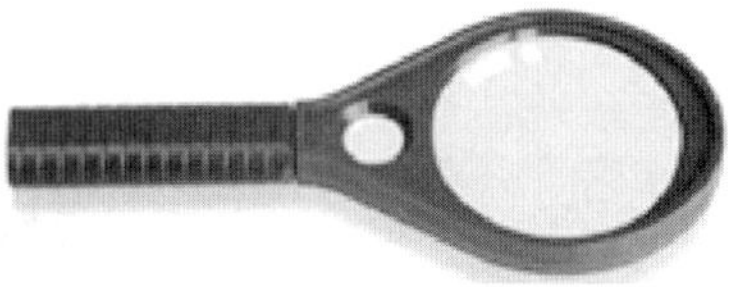
	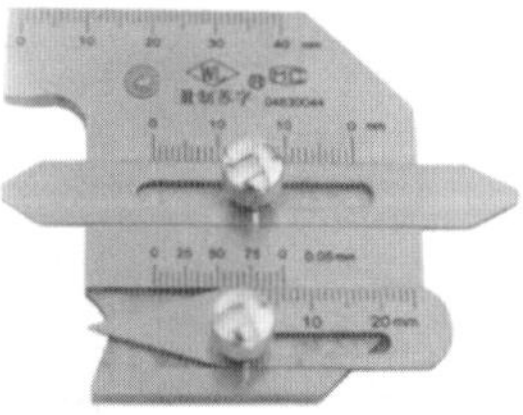		
	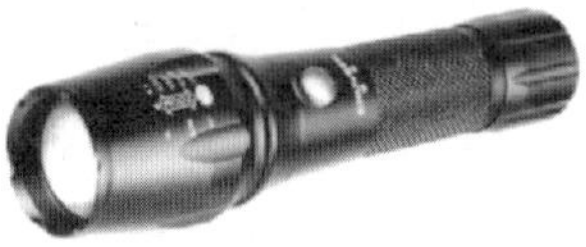		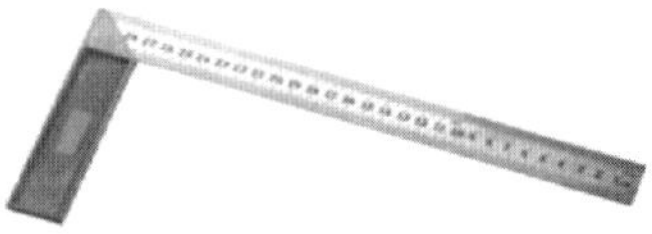

续表

名称	图示	名称	图示

4．焊前准备

根据工位、焊机数量和基本技能项目搭配好小组成员，在表 1–3–2 中填写焊前准备工作内容。

表 1–3–2　　焊前准备工作内容

序号	项目	内容	
1	组员分配		
2	练习顺序	设备连接、气路调试、焊机调试、组对焊接	
3	工作内容（在已完成的工作内容后打“√”）	现场具备焊接作业要求	
		工艺装备、工具满足焊接使用要求	
		按要求准备好母材（坡口、钝边、清理）	
		按要求调节焊接用气体流量	
		调试焊机，使焊接参数满足焊接需求	

5．装配、焊接、焊接质量检验及缺陷返修

根据实际产品数量、焊接设备等配置情况，合理分工，完成矿机龙门梁结构装配、焊接、焊接质量检验、缺陷返修工作计划，填入表 1–3–3。

表 1–3–3　　矿机龙门梁结构装配、焊接、焊接质量检验、缺陷返修工作计划（按小组分工填写）

装配计划	
焊接计划	

续表

焊接质量检验计划	
缺陷返修计划	

子活动 2　工作计划审定

学习过程

一、工作计划展示

根据工作计划展示评价标准认真组织工作计划展示工作，见表 1–3–4。

表 1–3–4　工作计划展示评价标准

考核内容	考核标准	计分规则	配分
小组协作能力	分工合理，全员参与，组员之间无分歧	根据各小组合作情况分三档，其中一档得 3 分，二档得 2 分，三档得 1 分	3
语言表达能力	姿态自然，能脱稿，使用专业术语	根据各小组合作情况分三档，其中一档得 3 分，二档得 2 分，三档得 1 分	3
工作计划内容	内容全面，无原则性错误，计划可实施	根据各小组合作情况分三档，其中一档得 4 分，二档得 2 分，三档得 1 分	4

二、组员相互讨论，形成最终工作计划

子活动 3　学习活动评价

根据学习活动 3 的学习过程完成本学习活动评价，将评价结果填入表 1–3–5 中。

表 1–3–5　　学习活动评价

<table>
<tr><td colspan="2">学习活动名称</td><td></td><td>小组名称</td><td></td><td>组员姓名</td><td colspan="2"></td></tr>
<tr><td colspan="2" rowspan="3">评价项目</td><td rowspan="3">评价内容</td><td colspan="2">工作计划编写</td><td colspan="2">工作计划审定</td><td rowspan="3">总分</td></tr>
<tr><td colspan="2">50%</td><td colspan="2">50%</td></tr>
<tr><td>小分</td><td>合计</td><td>小分</td><td>合计</td></tr>
<tr><td rowspan="5">关键能力</td><td rowspan="3">社会能力</td><td>安全、文明操作</td><td></td><td rowspan="5"></td><td></td><td rowspan="5"></td><td rowspan="5"></td></tr>
<tr><td>团队协作能力</td><td></td><td></td></tr>
<tr><td>沟通表达能力</td><td></td><td></td></tr>
<tr><td rowspan="2">方法能力</td><td>信息处理能力</td><td></td><td></td></tr>
<tr><td>学习能力</td><td></td><td></td></tr>
<tr><td colspan="2">指导教师综合评价</td><td colspan="6">

指导教师签名：　　　　　　　　日期：</td></tr>
</table>

学习活动4 任务实施

学习目标

1. 能根据任务需求，准备场地、设备（含设备的维护及保养）、工具、母材、焊接材料。

2. 能根据焊接工艺文件进行铸钢件与铸钢件、铸钢件与低合金钢件的装配，确认装配质量符合要求。

3. 能根据铸钢件的结构和焊接变形特点，确定合理的预防焊接变形措施。

4. 能严格执行焊接工艺文件，熟练运用熔化极非惰性气体保护电弧焊方法完成矿机龙门梁结构焊接。

5. 能严格执行焊接工艺文件，完成铸钢件焊接作业。焊接过程中，能控制焊接热输入和层间温度，预防焊接裂纹的产生。

6. 能按照工艺文件要求进行焊后后热、保温缓冷和消除焊接应力处理。

7. 能与相关人员进行有效沟通，获取解决问题的方法和措施，解决铸钢件和低合金钢件焊接过程中的常见问题。

8. 能对设备和工具等进行日常维护及保养。

学习活动描述

根据工作计划，进行矿机龙门梁结构焊前准备，准备好场地、设备（含设备的维护及保养）、工具、母材、焊接材料，进行矿机龙门梁结构的装配与焊接。

总学时：10 学时

子活动与建议学时

子活动 1 焊前准备 1 学时

子活动 2 装配与焊接 8 学时

子活动 3 学习活动评价 1 学时

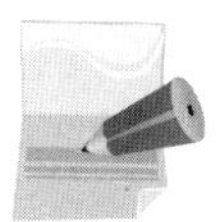

学习准备

资料与材料：工作页、技术标准、技术文件、专业书籍、矿机龙门梁结构件、焊丝、保护气体（$20\%CO_2+80\%Ar$，均为体积分数）等。

设备与工具：熔化极非惰性气体保护电弧焊设备、预热设备、焊接辅助工具、夹具、通风及除尘设备等。

子活动 1 焊前准备

学习过程

一、场地

焊接车间是直接进行焊接作业的现场，其环境状况与安全生产、职业健康关系十分密切，影响较大，车间环境中的通道设置、采光、消防、设备布局等因素直接影响事故的发生率和事故损失的大小。因此，在焊接前一定要确保作业场地符合焊接要求。焊接车间应具备良好的安全、通风、除尘条件，区域划分明确，满足工作要求。

二、安全防护用品

所使用的安全防护用品需符合国家安全法规要求，包括但不限于焊接防护面罩、焊工防护手套、焊接防护服、安全防护鞋、耳塞、防尘口罩、安全帽等。

三、设备

矿机龙门梁结构焊接所用设备包括气体保护焊焊机、预热设备、碳弧气刨设备、排烟及除尘设备（焊接时，确保除尘设备处于开启状态）、气瓶及气管、气体流量调节器等。

四、工具

矿机龙门梁结构焊接所用工具包括钢丝钳、角向磨光机、活扳手、钢丝刷、清瘤铲、敲渣锤、检测工具（焊接检验尺、直角尺、游标卡尺）、工艺装备和夹具、红外测温仪等。

五、母材

确认母材表面质量是否符合要求，尤其要注意检查龙门梁左铸件和龙门梁前悬挂支座铸钢件的表面质量，确保其表面无砂眼、缩孔、裂纹等缺陷。检查母材坡口角度、钝边是否符合要求。

六、焊接材料

需要准备两种型号的焊丝，一是 ER50–6，直径为 1.2 mm，用于铸钢件与低合金钢件焊接；二是铸钢件与铸钢件焊缝用焊丝 ER70–G，直径为 1.2 mm。

七、焊前预热

根据龙门梁焊接工艺要求，施焊时，先焊龙门梁左铸件和龙门梁前悬挂支座之间的焊缝，再焊龙门梁左铸件和龙门梁上圈梁之间的焊缝，最后焊龙门梁前悬挂支座和龙门梁上圈梁之间的焊缝，预热时同样按照此顺序进行，预热严格按照规范要求，预热温度为 170 ℃，待温度降至 150 ~ 200 ℃时方可进行焊接。

请认真检查上述七项内容是否符合要求，如不符合要求，请按要求进行整改后再次确认，将结果填入表 1–4–1 中。

表 1–4–1　　焊前准备确认内容

焊前准备项目	一次确认	存在问题	二次确认
场地			
安全防护用品			
设备			
工具			
母材			
焊接材料			
焊前预热			

注：“一次确认”和“二次确认”栏中填写“符合要求”或“不符合要求”；“存在问题”栏中填写具体问题。

子活动 2　装配与焊接

学习过程

一、装配前检验

分别对龙门梁左铸件与龙门梁前悬挂支座焊缝、龙门梁前悬挂支座与龙门梁上圈梁焊缝、龙门梁左铸件与龙门梁上圈梁焊缝进行装配前检验，检查坡口尺寸、钝边、焊缝清理是否符合要求，如不符合要求，修整合格后再进行定位焊。完成表 1–4–2 ~ 表 1–4–4 的填写工作。

表 1–4–2　龙门梁左铸件与龙门梁前悬挂支座焊缝装配前检验

检查指标	坡口尺寸	钝边	焊缝清理
规定值	30° ± 2°	2 mm	焊缝周围 20 mm
测量值			
是否符合要求			

表 1–4–3　龙门梁前悬挂支座与龙门梁上圈梁焊缝装配前检验

检查指标	坡口尺寸	钝边	焊缝清理
规定值	60° ± 5°	2 mm	焊缝周围 20 mm
测量值			
是否符合要求			

表 1–4–4　龙门梁左铸件与龙门梁上圈梁焊缝装配前检验

检查指标	坡口尺寸	钝边	焊缝清理
规定值	60° ± 5°	2 mm	焊缝周围 20 mm
测量值			
是否符合要求			

二、装配

根据铸钢件与铸钢件、铸钢件与低合金钢件的装配要求，填写表 1–4–5。

表 1–4–5　装配要求

装配要求	龙门梁左铸件与龙门梁前悬挂支座	龙门梁左铸件与龙门梁上圈梁	龙门梁前悬挂支座与龙门梁上圈梁
焊丝			
焊丝直径 /mm			
保护气体（体积分数）			
单个定位焊缝长度 /mm			
定位焊缝间距 /mm			

三、装配质量检验

施焊前，复查组装质量、定位焊质量和焊接部位的清理情况，若不符合要求，修整合格后方可施焊。分别对龙门梁左铸件与龙门梁前悬挂支座焊缝、龙门梁前悬挂支座与龙门梁上圈梁焊缝、龙门梁左铸件与龙门梁上圈梁焊缝进行装配质量检验，完成表 1-4-6 ~ 表 1-4-8 的填写工作。

表 1-4-6　　龙门梁左铸件与龙门梁前悬挂支座焊缝装配质量检验

检查指标	定位焊缝长度	定位焊缝间距	焊缝清理	有无焊接缺陷
规定值	50 mm	300 mm	焊缝周围 20 mm	无
测量值				
是否符合要求				

表 1-4-7　　龙门梁前悬挂支座与龙门梁上圈梁焊缝装配质量检验

检查指标	定位焊缝长度	定位焊缝间距	焊缝清理	有无焊接缺陷
规定值	50 mm	300 mm	焊缝周围 20 mm	无
测量值				
是否符合要求				

表 1-4-8　　龙门梁左铸件与龙门梁上圈梁焊缝装配质量检验

检查指标	定位焊缝长度	定位焊缝间距	焊缝清理	有无焊接缺陷
规定值	50 mm	300 mm	焊缝周围 20 mm	无
测量值				
是否符合要求				

四、龙门梁结构焊接

1．请认真观摩指导教师现场焊接操作示范，选用符合规定的焊接参数分组进行焊接技能练习，记录焊接时实际选用的焊接参数，完成表 1-4-9 ~ 表 1-4-11 的填写工作。

表 1-4-9　　龙门梁左铸件与龙门梁前悬挂支座焊接参数

焊接层次	焊接电流 /A	电弧电压 /V	气体流量 /（L/min）	层间温度 /℃
1				
2				
3				
4				
5				

表 1-4-10　　龙门梁前悬挂支座与龙门梁上圈梁焊接参数

焊接层次	焊接电流 /A	电弧电压 /V	气体流量 /（L/min）	层间温度 /℃
1				
2				
3				
4				
5				

表 1-4-11　　龙门梁左铸件与龙门梁上圈梁焊接参数

焊接层次	焊接电流 /A	电弧电压 /V	气体流量 /（L/min）	层间温度 /℃
1				
2				
3				
4				
5				

2．写出龙门梁焊接操作要点

五、焊后清理

写出龙门梁结构焊后清理对象及要求。

子活动 3　学习活动评价

根据学习活动 4 的学习过程完成本学习活动评价，将评价结果填入表 1–4–12 中。

表 1–4–12　学习活动评价

<table>
<tr><td colspan="2">学习活动名称</td><td></td><td>小组名称</td><td></td><td>组员姓名</td><td colspan="2"></td></tr>
<tr><td colspan="2" rowspan="3">评价项目</td><td rowspan="3">评价内容</td><td colspan="2">焊前准备</td><td colspan="2">装配与焊接</td><td rowspan="3">总分</td></tr>
<tr><td colspan="2">40%</td><td colspan="2">60%</td></tr>
<tr><td>小分</td><td>合计</td><td>小分</td><td>合计</td></tr>
<tr><td rowspan="5">关键能力</td><td rowspan="3">社会能力</td><td>安全、文明操作</td><td></td><td rowspan="6"></td><td></td><td rowspan="6"></td><td rowspan="6"></td></tr>
<tr><td>团队协作能力</td><td></td><td></td></tr>
<tr><td>沟通表达能力</td><td></td><td></td></tr>
<tr><td rowspan="2">方法能力</td><td>信息处理能力</td><td></td><td></td></tr>
<tr><td>学习能力</td><td></td><td></td></tr>
<tr><td colspan="2">专业能力</td><td>焊前准备或装配与焊接质量</td><td></td><td></td></tr>
<tr><td colspan="2">指导教师综合评价</td><td colspan="6">

指导教师签名：　　　　　　　　日期：</td></tr>
</table>

学习活动 5　焊接质量检验与返修

学习目标

1. 熟知矿机龙门梁结构验收标准。
2. 能正确使用焊缝测量工具进行矿机龙门梁结构焊缝外部质量检测并记录测量数据。
3. 能明确无损检测的常用方法及其在矿机龙门梁结构焊接质量检测中的应用。
4. 能明确磁粉检测的原理、特点、评判标准，能看懂磁粉检测评级报告。
5. 能读懂焊缝返修通知单，明确返修要求。
6. 能准备返修设备、工具，清除焊接缺陷。
7. 能遵循返修工艺完成焊接缺陷的返修工作。

学习活动描述

明确矿机龙门梁结构验收标准，进行矿机龙门梁结构焊缝外部质量检测，学习磁粉检测的原理、特点、评判标准，明确无损检测的常用方法及其在矿机龙门梁结构焊接质量检测中的应用，根据焊缝返修通知单，编制返修工艺，对矿机龙门梁结构焊接缺陷进行返修。

总学时：10 学时

子活动与建议学时

子活动 1　焊接质量检验　　2 学时

子活动 2　缺陷返修　　7 学时

子活动 3　学习活动评价　　1 学时

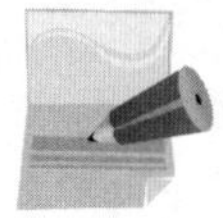

学习准备

资料与材料：工作页、技术标准、技术文件、专业书籍、矿机龙门梁结构、焊丝、保护气体（20%CO_2+80%Ar，均为体积分数）等。

设备与工具：熔化极非惰性气体保护电弧焊设备、焊接辅助工具、碳弧气刨设备、夹具、通风及除尘设备等。

子活动 1　焊接质量检验

学习过程

一、焊接质量检验方法分类

1．查阅资料，举例说明破坏性检验方法分类情况。

2．查阅资料，举例说明非破坏性试验方法分类情况。

3．无损检测相关知识

无损检测包括射线探伤、超声波探伤、磁粉检测、渗透探伤等，表 1-5-1 列出了四种常用无损检测方法，请写出其特点与应用。表 1-5-2 列出了各种探伤方法所要求的条件，请查阅资料将其补充完整。

表 1-5-1　　常用无损检测方法的特点与应用

探伤方法	特点	应用
射线探伤		
超声波探伤		

续表

探伤方法	特点	应用
磁粉检测		
渗透探伤		

表 1-5-2　　各种探伤方法所要求的条件

探伤方法	探伤空间位置的要求	探伤表面的要求	探伤部位背面要求
射线探伤			
超声波探伤			
磁粉检测			
渗透探伤			

二、矿机龙门梁结构焊接质量检验

1．以小组为单位查阅矿机龙门梁结构焊接评价标准，对矿机龙门梁结构的焊缝进行相应项目的检测并记录检测数据，填写自检记录，见表 1-5-3。

（1）检测组成员____。

（2）检测结果见表 1-5-3。

表 1-5-3　　矿机龙门梁结构焊缝自检记录

检测项目	检测方法及工具	检测要求	检测值	处置措施
焊缝宽度差	焊接检验尺和钢直尺	≤ 2 mm		
焊缝余高	焊接检验尺和钢直尺	0 ~ 3 mm		

续表

检测项目	检测方法及工具	检测要求	检测值	处置措施
焊缝余高差	焊接检验尺和钢直尺	≤ 2 mm		
咬边	低倍放大镜和钢直尺	无		
夹渣	低倍放大镜	无		
气孔	低倍放大镜	无		
未焊透	低倍放大镜和钢直尺	无		
裂纹	低倍放大镜	无		
焊缝表面成形	低倍放大镜	波纹均匀、美观		

2．矿机龙门梁结构内部质量由专门的检测公司进行检测，并给出检测结果。查阅相关资料，回答关于磁粉检测的相关问题。

（1）请结合图 1-5-1 所示的磁粉检测结果说明其工作原理。

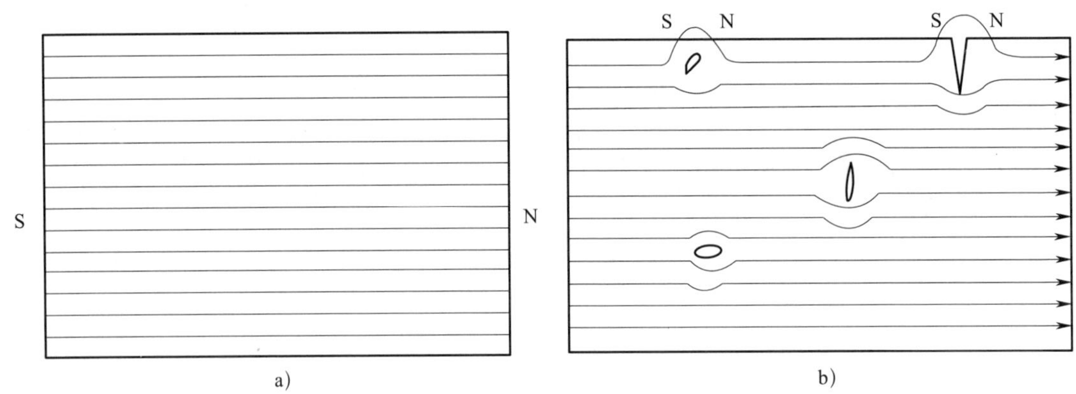

图 1-5-1　磁粉检测结果

a）无缺陷的焊件　b）有缺陷的焊件

（2）结合图 1–5–2，说明通过磁粉检测如何判断缺陷的性质、大小和位置。

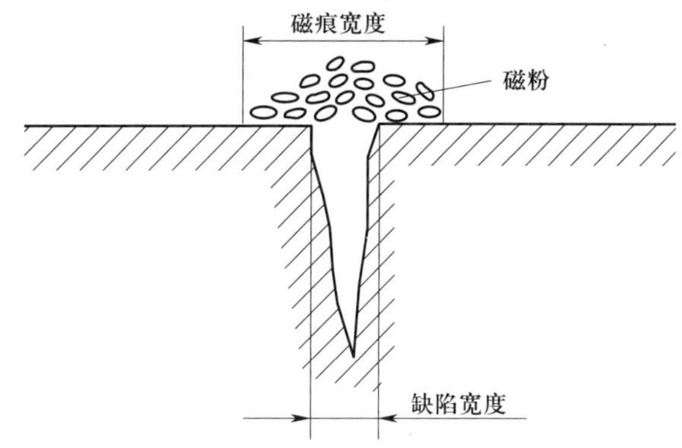

图 1–5–2　缺陷处的磁粉堆集

（3）为什么磁粉检测只适用于检测焊件表面和近表面缺陷？

（4）完成下列关于磁粉检测的填空题和选择题。

1）当缺陷处的磁导率减小时，磁感线弯曲形成________________，缺陷的磁导率越大，产生的漏磁场强度________________。

2）若焊件表面存在覆盖层，如涂料、防锈漆等，将________________漏磁场强度。

3）在磁粉检测中，磁感线方向与缺陷方向________________时，漏磁场最强，缺陷显示清楚、明显。

4）能被强烈吸引到磁铁上的材料称为（　　）。

A．被磁化的材料　　B．非磁性材料　　C．铁磁性材料　　D．被极化的材料

5）在磁铁上，磁感线进入的一端是（　　）。

A．N 极　　B．S 极　　C．N 极和 S 极

6）材料的磁导率表示（　　）。

A．材料被磁化的难易程度　　B．材料中磁场的穿透深度

C．焊件需要退磁时间的长短　　D．材料保留磁场的能力

7）对焊件进行磁粉检测必须具备的条件是（　　）。

A．电阻小　　B．探伤面能用肉眼观察

C．探伤面必须光滑　　D．焊件必须有磁性

8）下列关于缺陷形成漏磁通的叙述正确的是（　　）。

A．缺陷离焊件表面越近，形成的漏磁通越小

B．在磁化状态、缺陷类型和大小一定时，其漏磁通密度受缺陷方向影响

C．漏磁场大小与缺陷本身无关

（5）查阅资料，回答下列问题。

1）试述焊缝磁粉检测的一般工艺过程。

2）预处理的目的和内容是什么?

3）施加磁粉的方法有哪两种?试述其工艺过程和特点。

4）施加磁粉或磁悬液的注意事项有哪些?

5）观察磁痕的时间及要求是什么?

6）分析磁痕是辨识磁痕的过程，磁痕可分为哪三类?

7）分别描述表面缺陷磁痕、近表面缺陷磁痕、假磁痕的特点。

8）常见缺陷磁痕有哪几种？其各自的特点是什么?

9）什么是退磁？什么情况下需要退磁？退磁方法有哪些?

10）什么是后处理？

（6）明确磁粉检测工艺过程，完成下列问题。

1）磁化，断电，然后给焊件施加磁性介质的检验方法叫作（　　）。

A．连续法　　B．湿法　　C．剩磁法　　D．干法

2）下列关于磁化操作的叙述正确的是（　　）。

A．决定磁化方法时，必须考虑磁化方向，尽可能使缺陷阻挡较多的磁感线

B．当不知道缺陷方向时，必须改变磁场磁化方向，进行两次以上的磁化操作

C．磁化时，应尽可能使探伤面与磁场方向垂直

3）当出现下列缺陷中的（　　）时，可判定焊件不合格。

A．裂纹　　B．长度大于 1.5 mm 的线性缺陷

C．单个尺寸大于或等于 4 mm 的圆形缺陷　　D．以上选项均正确

（7）磁粉检测缺陷如何分类？

（8）磁粉检测质量等级如何划分？

3．质量判定

表 1–5–4 中规定了非线状磁痕显示的质量等级，需评定的显示的最小长度为 L_1，小于该长度的显示不需评定。允许显示的最大长度为 L_2，允许显示的最大数量为评定区内大于或等于 L_1 且小于或等于 L_2 的显示数。

表 1-5-4　　质量等级——非线状磁痕显示（SM）（单个的）

显示特征	质量等级						
	SM001	SM01	SM1	SM2	SM3	SM4	SM5
观察方法	放大镜或目视		目视				
观察显示的放大倍数	≤ 3		1				
需评定显示的最小长度 L_1/mm	0.3		1.5	2	3	5	5
允许显示的最大长度 L_2/mm	0	1	3[a]	6[a]	9[a]	14[a]	21[a]
允许显示的最大数量	—	—	8	8	12	20	32

a 允许有两个达到最大长度的显示。

表 1-5-5 中规定了线状和成排状磁痕显示的质量等级，需评定的显示的最小长度为 L_1，小于该长度的显示不需评定。允许显示的最大长度为 L_2，累计长度为评定区内大于或等于 L_1 且小于或等于 L_2 的显示长度之和。进行质量等级评定时应考虑壁厚，评定区的壁厚区间类型分 a、b、c 三类，其中 a 类：$t \leqslant 16$ mm；b 类：16 mm$<t \leqslant 50$ mm；c 类：$t>50$ mm，t 为截面厚度。

表 1-5-5　　质量等级——线状磁痕显示（LM）和成排状磁痕显示（AM）

显示特征		质量等级											
		LM001 AM001	LM01 AM01	LM1 AM1		LM2 AM2		LM3 AM3		LM4 AM4		LM5 AM5	
观察方法		放大镜或目视		目视									
观察显示的放大倍数		≤ 3		1									
需评定的显示的最小长度 L_1/mm		0.3		1.5		2		3		5		5	
允许的显示[a] 单个（I）或累计（T）的长度		I 或 T		I	T	I	T	I	T	I	T	I	T
线状（LM）和成排状显示（AM）的最大长度 L_2[b]/mm	壁厚 a 类 $t \leqslant 16$ mm	0	1	2	4	4	6	6	10	10	18	18	25
	壁厚 b 类 16 mm$<t \leqslant 50$ mm	0	1	3	6	6	12	9	18	18	27	27	40
	壁厚 c 类 $t>50$ mm	0	2	5	10	10	20	15	30	30	45	45	70

a 允许有两个达到最大长度的显示。

b 相对于断裂力学，壁厚和最大裂纹长度之间没有函数关系。但在没有相关的断裂力学参数时，本表供参考。

通过磁粉检测，对矿机龙门梁结构进行质量判定，磁粉检测质量检验结果为＿＿＿＿＿＿级。

根据矿机龙门梁结构焊缝外部质量检验和内部质量检验结果，该矿机龙门梁结构焊接质量最终结果为＿＿＿＿＿＿级。

子活动 2 缺 陷 返 修

学习过程

一、焊缝返修通知单

矿机龙门梁结构焊接完成后，由检验人员进行无损检测，如发现超出标准要求的缺陷后，由检验人员填写焊缝返修通知单，通知焊接人员进行焊缝返修，表 1–5–6 为假定矿机龙门梁结构具有超标的焊接缺陷，由检验人员下发的焊缝返修通知单。

表 1–5–6　　矿机龙门梁结构焊缝返修通知单

<table>
<tr><td colspan="7">焊缝返修通知单</td><td colspan="2" rowspan="2">编号：001
返修次数：0
签发人：探伤室 × ×</td></tr>
<tr><td>产品名称</td><td colspan="2">矿机龙门梁结构</td><td colspan="2">产品编号</td><td colspan="2">001</td></tr>
<tr><td>材料</td><td colspan="2">施焊单位</td><td colspan="2">厚度</td><td>焊工代号</td><td colspan="2">无损检测方法</td><td>焊接方法</td></tr>
<tr><td>ZG18CrNiMo
Q355</td><td colspan="2"></td><td colspan="2">32 mm</td><td>HG008</td><td colspan="2">磁粉检测</td><td>熔化极非惰性气体保护电弧焊</td></tr>
<tr><td rowspan="3">缺陷部位</td><td>底片编号</td><td>缺陷长度</td><td colspan="2">缺陷性质</td><td>缺陷位置</td><td>评定级别</td><td>检测日期</td><td>返修次数</td></tr>
<tr><td>TS–216</td><td>5 mm</td><td colspan="2">条形缺陷</td><td>2 段
5 号</td><td>LM5b</td><td>月　　日</td><td>0</td></tr>
<tr><td></td><td></td><td colspan="2"></td><td></td><td></td><td></td><td></td></tr>
<tr><td>缺陷核实情况及返修意见</td><td colspan="4">经核实存在缺陷，用碳弧气刨，至缺陷清除，按制定的返修工艺进行返修
核实者（签字）：________________
日　　　期：_____年___月___日</td><td>焊接负责人审批</td><td colspan="3">同意返修
审批（签字）：____________________
日　　　期：________年____月____日</td></tr>
<tr><td rowspan="6">返修工艺</td><td rowspan="2">焊层</td><td rowspan="2">焊接方法</td><td colspan="2">焊接材料</td><td rowspan="2">焊接电流 /A</td><td>电弧电压 /V</td><td>焊接速度 /（cm/min）</td><td rowspan="6">返修自检结果：

返修焊工姓名：

返修焊工代号：</td></tr>
<tr><td>牌号</td><td>规格 / mm</td><td></td><td></td></tr>
<tr><td></td><td></td><td></td><td></td><td></td><td></td><td></td></tr>
<tr><td></td><td></td><td></td><td></td><td></td><td></td><td></td></tr>
<tr><td></td><td></td><td></td><td></td><td></td><td></td><td></td></tr>
<tr><td></td><td></td><td></td><td></td><td></td><td></td><td></td></tr>
</table>

续表

<table>
<tr><td rowspan="5">返修
工艺</td><td></td><td></td><td></td><td></td><td></td><td></td><td></td><td rowspan="5">返修日期：

自检签字：</td></tr>
<tr><td></td><td></td><td></td><td></td><td></td><td></td><td></td></tr>
<tr><td></td><td></td><td></td><td></td><td></td><td></td><td></td></tr>
<tr><td></td><td></td><td></td><td></td><td></td><td></td><td></td></tr>
<tr><td></td><td></td><td></td><td></td><td></td><td></td><td></td></tr>
<tr><td rowspan="7">施焊记录</td><td></td><td></td><td></td><td></td><td></td><td></td><td></td><td rowspan="7">专检检验结果：

专检人员签字：

日期：</td></tr>
<tr><td></td><td></td><td></td><td></td><td></td><td></td><td></td></tr>
<tr><td></td><td></td><td></td><td></td><td></td><td></td><td></td></tr>
<tr><td></td><td></td><td></td><td></td><td></td><td></td><td></td></tr>
<tr><td></td><td></td><td></td><td></td><td></td><td></td><td></td></tr>
<tr><td></td><td></td><td></td><td></td><td></td><td></td><td></td></tr>
<tr><td></td><td></td><td></td><td></td><td></td><td></td><td></td></tr>
<tr><td colspan="9">返修流转程序：
一次返修、二次返修：探伤室→检验员→生产车间→焊接工艺员→焊接负责人→焊接工艺员→生产车间→检验员→探伤→归档；
三次返修：探伤室→检验员→焊接工艺员→焊接负责人→质量工程师→焊接负责人→焊接工艺员→生产车间→检验员→探伤→归档</td></tr>
</table>

二、返修工艺

1．矿机龙门梁结构焊接缺陷返修时焊前准备技术要求包括哪些内容?

2．矿机龙门梁结构焊接缺陷返修对预热技术有哪些要求?

3．矿机龙门梁结构焊接缺陷补焊过程中的注意事项有哪些?

4．根据矿机龙门梁结构焊接后的实际缺陷情况填写返修工艺表，见表 1–5–7。

表 1–5–7　　返修工艺表

缺陷描述	
返修工艺	
所需设备	
工具	
材料	

三、返修质量检验

按上述返修工艺完成矿机龙门梁结构的返修工作，并填写质量检验表，见表 1–5–8。

表 1–5–8　　质量检验表

返修部位	返修内容	返修检测结果	是否满足要求
外部			
内部			

子活动 3　学习活动评价

根据学习活动 5 的学习过程完成本学习活动评价，将评价结果填入表 1–5–9 中。

表 1–5–9　学习活动评价

<table>
<tr><td colspan="2">学习活动名称</td><td></td><td>小组名称</td><td></td><td>组员姓名</td><td colspan="2"></td></tr>
<tr><td colspan="2" rowspan="3">评价项目</td><td rowspan="3">评价内容</td><td colspan="2">焊接质量检验</td><td colspan="2">缺陷返修</td><td rowspan="3">总分</td></tr>
<tr><td colspan="2">40%</td><td colspan="2">60%</td></tr>
<tr><td>小分</td><td>合计</td><td>小分</td><td>合计</td></tr>
<tr><td rowspan="5">关键能力</td><td rowspan="3">社会能力</td><td>安全、文明操作</td><td></td><td rowspan="6"></td><td></td><td rowspan="6"></td><td rowspan="6"></td></tr>
<tr><td>团队协作能力</td><td></td><td></td></tr>
<tr><td>沟通表达能力</td><td></td><td></td></tr>
<tr><td rowspan="2">方法能力</td><td>信息处理能力</td><td></td><td></td></tr>
<tr><td>学习能力</td><td></td><td></td></tr>
<tr><td colspan="2">专业能力</td><td>焊接质量、返修工艺和返修质量</td><td></td><td></td></tr>
<tr><td colspan="2">指导教师综合评价</td><td colspan="6">

指导教师签名：　　　　　　日期：</td></tr>
</table>

学习活动 6　总结与评价

学习目标

1. 能通过小组沟通，针对矿机龙门梁结构焊接过程总结经验和不足，培养小组合作和语言表达能力。

2. 通过成果展示，培养良好的专业能力、社会能力和方法能力。

3. 反思工作过程中存在的不足，为以后的工作积累经验。

学习活动描述

梳理矿机龙门梁结构焊接任务实施过程中的优点和不足，进行小组合作，分享经验，完成矿机龙门梁结构焊接学习任务评价。

总学时：6 学时

子活动与建议学时

子活动 1　工作总结　　4 学时

子活动 2　学习任务评价　　2 学时

学习准备

资料与材料：工作页、技术标准、技术文件、专业书籍等。

子活动 1　工 作 总 结

学习过程

1．小组成员制作 PPT，汇报本组工作收获及创新工作情况。将汇报内容写在下列空白处，并利用 PPT 进行展示和说明。

2．结合各小组汇报和展示情况，反思本组工作过程，完成表 1–6–1 的填写工作。

表 1–6–1　　工作汇报

内容名称	做得好的方面	存在的问题及分析	解决方法	备注
明确工作任务				
技能准备				
制订计划				
任务实施				
焊接质量检验与返修				
学生 / 小组心得体会总结				

3．每位同学写一份工作总结，字数不少于 500 字。

子活动 2　学习任务评价

学习过程

1．完成学习任务评价，见表 1–6–2。

表 1–6–2　　学习任务评价

<table>
<tr><td colspan="2">学习任务名称</td><td></td><td colspan="2">小组名称</td><td colspan="4"></td><td colspan="2">组员姓名</td><td colspan="3"></td></tr>
<tr><td colspan="2" rowspan="3">评价项目</td><td rowspan="3">评价内容</td><td colspan="2">明确工作任务</td><td colspan="2">技能准备</td><td colspan="2">制订计划</td><td colspan="2">任务实施</td><td colspan="2">焊接质量检验与返修</td><td rowspan="3">总分</td></tr>
<tr><td colspan="2">20%</td><td colspan="2">20%</td><td colspan="2">20%</td><td colspan="2">30%</td><td colspan="2">10%</td></tr>
<tr><td>小分</td><td>合计</td><td>小分</td><td>合计</td><td>小分</td><td>合计</td><td>小分</td><td>合计</td><td>小分</td><td>合计</td></tr>
<tr><td rowspan="5">关键能力</td><td rowspan="3">社会能力</td><td>安全、文明操作</td><td></td><td rowspan="5"></td><td></td><td rowspan="5"></td><td></td><td rowspan="5"></td><td></td><td rowspan="5"></td><td></td><td rowspan="5"></td><td rowspan="5"></td></tr>
<tr><td>团队协作能力</td><td></td><td></td><td></td><td></td><td></td></tr>
<tr><td>沟通表达能力</td><td></td><td></td><td></td><td></td><td></td></tr>
<tr><td rowspan="2">方法能力</td><td>信息处理能力</td><td></td><td></td><td></td><td></td><td></td></tr>
<tr><td>学习能力</td><td></td><td></td><td></td><td></td><td></td></tr>
<tr><td colspan="2" rowspan="4">专业能力</td><td>读图能力</td><td></td><td rowspan="4"></td><td></td><td rowspan="4"></td><td></td><td rowspan="4"></td><td></td><td rowspan="4"></td><td></td><td rowspan="4"></td><td rowspan="4"></td></tr>
<tr><td>焊接基础技能</td><td></td><td></td><td></td><td></td><td></td></tr>
<tr><td>矿机龙门梁结构焊接质量</td><td></td><td></td><td></td><td></td><td></td></tr>
<tr><td>检验与返修能力</td><td></td><td></td><td></td><td></td><td></td></tr>
<tr><td colspan="2">指导教师综合评价</td><td colspan="12">

指导教师签名：　　　　　　　　　　　　　　日期：</td></tr>
</table>

2．根据学习任务评价结果，写一篇关于专业能力和关键能力的提高计划，字数不少于 200 字。

学习任务二　垃圾箱滑移臂焊接

学习目标

完成本学习任务后，学生应能胜任垃圾箱滑移臂焊接工作，并严格执行企业安全生产制度、环保管理制度和“6S”管理规定，具备安全意识、质量意识、职业健康与环境保护意识，养成爱岗敬业、自主学习、沟通协调、团队合作等职业素养，具体包括以下内容：

1. 能根据焊接作业环境需要，选择、穿戴并维护个人防护装备。

2. 能读懂垃圾箱滑移臂生产任务单、焊接图样和焊接工艺文件，明确工作任务、技术要求和质量标准。

3. 能通过技术交底和有效沟通明确垃圾箱滑移臂的焊接方法、焊接顺序、质量控制关键点、特殊要求、质量检验方法等，并确定相应的预防和控制措施。

4. 能根据焊接工艺文件核对焊接材料的型号、规格、数量。

5. 能根据焊接工艺文件完成焊前准备工作，并确认作业场地与周围环境达到劳动安全和职业健康要求。

6. 能根据焊接图样和焊接工艺文件确认装配质量符合要求，预防措施到位。

7. 能按要求使用设备和工具，严格执行焊接工艺文件，运用焊接操作技能，完成焊接作业。焊接过程中，能控制焊接热输入和层间温度，预防焊接裂纹的产生。

8. 能按照工艺文件要求进行焊后后热、保温缓冷和消除焊接应力处理。

9. 能按要求进行焊接接头的清理、自检，能填写自检记录表。

10. 能与相关人员进行有效沟通，获取解决问题的方法和措施，解决工作过程中的常见问题。

11. 能对设备和工具等进行日常维护及保养。

12. 能根据现场管理规范，清理场地，归置物品，并按环保要求处理废弃物。

13. 能积极主动展示并汇报工作成果，对学习工作过程中出现的问题进行反思和总结，优化方案和策略，具备知识迁移能力。

建议学时

140 学时

工作情景描述

某企业接到垃圾箱滑移臂生产任务，垃圾箱滑移臂由钩头组件与立臂焊接而成，其中钩头组件是厚度为 60 mm 的铸钢件结构，材料为 ZG20Mn，立臂是箱形结构，材料为 Q355C，要求焊工班组采用熔化极非惰性气体保护电弧焊进行焊接，工时为 15 h。

工作流程与活动

学习活动 1　明确工作任务　4 学时

学习活动 2　技能准备　94 学时

学习活动 3　制订计划　8 学时

学习活动 4　任务实施　18 学时

学习活动 5　焊接质量检验与返修　10 学时

学习活动 6　总结与评价　6 学时

学习活动1　明确工作任务

学习目标

1. 能通过生产任务单，准确概括、复述任务内容及要求。

2. 能识读垃圾箱滑移臂的焊接图样和技术要求。

3. 能根据焊接图样和作业指导书制定垃圾箱滑移臂的施工步骤。

4. 能根据垃圾箱滑移臂焊接图样要求，明确图上标注的焊缝符号及其含义。

5. 能根据垃圾箱滑移臂作业指导书，选择焊接材料、焊接参数，分析其对焊接接头的影响。

6. 能对熔化极非惰性气体保护电弧焊焊接设备进行维护及保养。

学习活动描述

明确工作任务是完成垃圾箱滑移臂焊接工作的第一步。通过查阅生产任务单和作业指导书明确垃圾箱滑移臂的材料、规格、焊接方法和技术要求，并对垃圾箱滑移臂焊接的技术参数、工艺流程等知识有总体的认知。

总学时：4 学时

子活动与建议学时

子活动	内容	学时
子活动 1	垃圾箱滑移臂焊接工艺文件识读	3 学时
子活动 2	学习活动评价	1 学时

学习准备

资料与材料：工作页、技术标准、技术文件、专业书籍、垃圾箱滑移臂焊接生产任务单、焊接图样、作业指导书等。

子活动 1　垃圾箱滑移臂焊接工艺文件识读

垃圾箱滑移臂焊接工艺文件包括生产任务单、焊接图样、焊接工艺卡（焊接工艺规程）等，这些工艺文件记述了任务要求、生产设备、焊接方法和焊接参数、技术要求等内容。

学习过程

一、垃圾箱滑移臂焊接工艺文件

1．生产任务单

仔细阅读表 2–1–1 所列的生产任务单，按照生产任务单提供的基本信息，查阅相关资料，明确工作任务的内容和要求，并逐项填写生产任务单中的空白项。

表 2–1–1　生产任务单

单　　号：________________　　开单时间：_____年___月___日___时

开单部门：________________　　开 单 人：________________

接 单 人：________________　　签　　名：________________

<table>
<tr><td colspan="5">以下由开单人填写</td></tr>
<tr><td>任务名称</td><td>垃圾箱滑移臂焊接</td><td colspan="2">完成工时</td><td>15 h</td></tr>
<tr><td>任务要求</td><td colspan="4">1．焊前按工艺要求进行预热
2．焊接过程中控制层间温度
3．焊后按工艺要求进行缓冷
4．关键焊缝进行磁粉检测
5．焊缝满足质量要求</td></tr>
<tr><td colspan="5">以下由开单人和接单人填写</td></tr>
<tr><td>领取材料</td><td>垃圾箱滑移臂组件：钩头组件，材料为 ZG20Mn；立臂，材料为 Q355C
保护气体：20%CO_2+80%Ar（均为体积分数）
焊丝：ER50–6，ϕ1.2 mm</td><td rowspan="2">成本核算</td><td colspan="2" rowspan="2">金额合计：

仓库管理员（签名）

年　　月　　日</td></tr>
<tr><td>领用工具</td><td>角向磨光机、直磨机、活扳手、钢丝钳、划针、测量工具（焊接检验尺、钢直尺、直角尺、钢卷尺、放大镜、测温仪等）、安全防护用品（焊接防护具、焊接防护服等）、工艺装备和夹具等</td></tr>
<tr><td>操作者检测</td><td></td><td colspan="3">（签名）

年　　月　　日</td></tr>
</table>

续表

班组检测		（签名） 年　月　日
质量员检测		（签名） 年　月　日

2．如图 2–1–1 所示为垃圾箱滑移臂焊接图样。

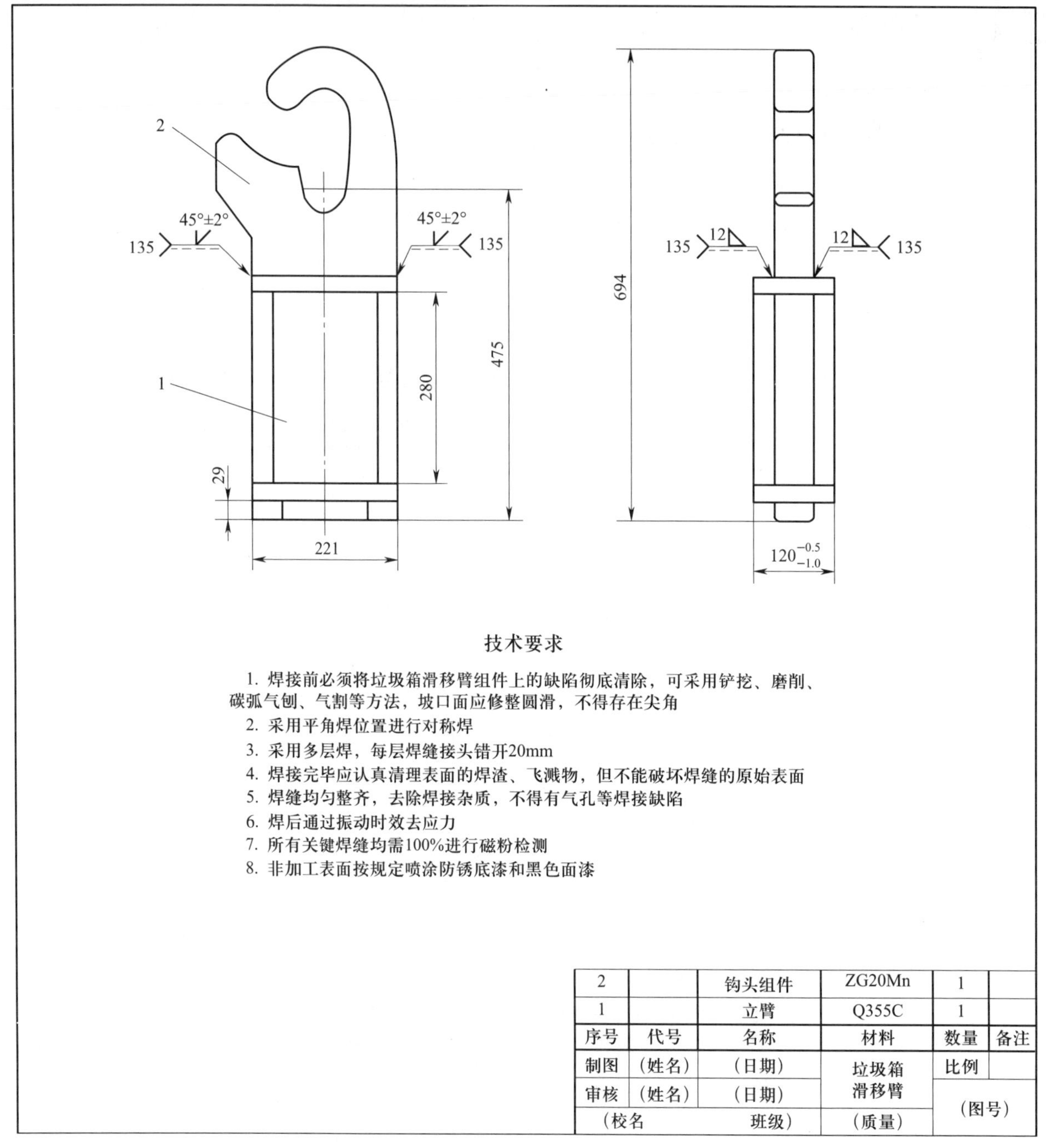

图 2–1–1　垃圾箱滑移臂焊接图样

3．垃圾箱滑移臂焊接作业指导书见表 2–1–2。

表 2–1–2　　作业指导书

______公司	产品型号	______	车间	______车间	工位	垃圾箱滑移臂拼焊
作业指导书	产品名称	垃圾箱滑移臂	图号		内容	垃圾箱滑移臂焊接

作业简图

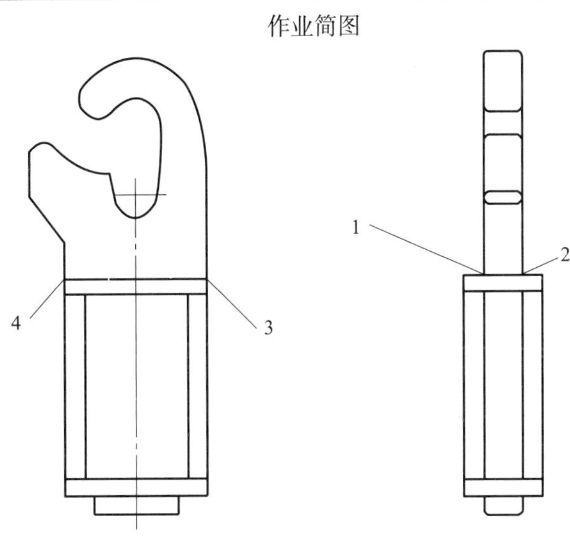

焊接顺序	焊缝1	焊缝2	焊缝3	焊缝4
焊缝类型	⊿	⊿	V	V

注意事项	焊接过程说明
1．焊丝规格：ER50–6，ϕ1.2 mm 2．铸钢件处焊缝焊前预热温度为 150 ~ 200 ℃，层间温度为 150 ~ 300 ℃；焊后后热至 200 ~ 250 ℃，保持 20 min，用石棉覆盖保温 3．焊接每条焊缝前需去除定位焊缝 4．焊后清理焊渣、焊瘤	焊缝 1 和 2：角接焊缝，平角焊位置焊接，共两处，为关键焊缝 焊缝 3 和 4：对接焊缝，水平位置施，共两处，为关键焊缝

焊件编号	编制日期	审核	批准

二、明确工作内容

1．仔细阅读生产任务单中的任务要求，结合工作情景描述，叙述本学习任务的工作内容和工作要求。

2．垃圾箱滑移臂认知

垃圾箱滑移臂是装卸垃圾箱的中枢构件，滑移臂关系着整台车的安全性，垃圾箱滑移臂由钩头组件与立臂对接而成，如图 2-1-2 所示。其中钩头组件是厚度为 60 mm 的铸钢件，材料为 ZG20Mn；立臂是箱形结构件，材料为 Q355C。

a）

b）

图 2-1-2　垃圾箱滑移臂的工作位置和结构

a）工作位置　b）结构

1—立臂　2—钩头组件

（1）由垃圾箱滑移臂的介绍可知，垃圾箱滑移臂主要由________和________组成，其中钩头组件由于结构比较复杂，常采用________，立臂是________结构件，在焊接过程中容易产生________。

（2）本学习任务中钩头组件的材料为________，根据国家标准《铸钢牌号表示方法》（GB/T 5613—2014），ZG 是铸钢的________，它由“铸”和“钢”两字的汉语拼音的第一个大写正体字母组成，20 表示铸钢的名义含碳量为________，Mn 的平均含量________，只标明元素符号。

立臂材料为________，Q355C 是一种________合金________钢，我国低合金结构钢共有________个牌号，所加元素主要有锰、硅、钒、钛、铬、镍和稀土元素，其中“Q”表示材料的________强度，355 表示钢材________强度值为________MPa。C 表示________，一般分为________5 级，其中________级杂质含量最少，________级杂质含量最多。

（3）金属焊接性（可焊性）是指金属能否适应焊接加工而形成完整的、具备一定使用性能的焊接接头的特性。它包括________和________。金属焊接性的影响因素有________、________、________和________等。

________是判定焊接性最简便的方法。钢中碳元素和合金元素是决定碳素钢与低合金钢强度和可焊性的主要因素。________是指把钢中合金元素（包括碳）的含量按其作用换算成碳的相当含量，用符号________表示。国际焊接协会推荐的碳当量计算公式为________
________。

当 C_E<0.4% 时，焊接性______________，不需焊前预热；当 C_E=0.4% ~ 0.6% 时，焊接性______________，需要采取焊前适当预热、控制焊接参数等工艺措施；当 C_E>0.6% 时，焊接性________________，需要采取较高的预热温度和严格的工艺措施。

垃圾箱滑移臂的钩头组件和立臂的碳当量为 0.4% ~ 0.6%，焊接性一般，尤其是铸钢件部分，焊前需要进行________________，焊接过程中控制_______________________，焊后进行后热处理，并覆盖石棉让焊件________________。

（4）为了提高垃圾箱滑移臂的抗拉强度，也可使用强度级别较高的_________________________，高强度结构钢是指屈服强度________________MPa 的低合金高强度结构钢。

3．根据垃圾箱滑移臂焊接图样及作业指导书完成以下问题：

（1）从垃圾箱滑移臂焊接图样可以看出，钩头组件与立臂之间的焊缝为____________________焊缝，包括________________和________________。

（2）垃圾箱滑移臂焊接材料包括焊丝及焊接用气体，采用______________________型焊丝，保护气体为_______________________（均为体积分数）的混合气体。

（3）钩头组件焊接前预热温度为________________℃，层间温度为____________________℃，焊后后热至________________℃，保持________________min，用石棉覆盖保温。

（4）在焊缝符号 12◺ 135 中，◺表示________________焊缝，焊脚尺寸为______________________ mm，焊接方法为____。

（5）在焊缝符号 45°±2° V 135 中，V表示________________焊缝，坡口角度为_________________，焊接方法为____。

三、垃圾箱滑移臂焊接工艺流程的确定

1．生产组织与准备

生产组织与准备工作对生产效率和产品质量的提高起着基本保证作用，它所包括的内容有以下几个方面：

（1）从技术准备方面入手，主要内容包括审查和熟悉产品施工图样，了解产品技术要求，认真进行工艺分析，确定生产方案和技术措施，选择合理的工艺方法，进行必要的工艺试验和工艺评定，编制工艺文件和质量保证文件等。除上述内容外，还需要外购或自行设计、制造符合工艺要求的焊接工艺装备。

（2）从物质准备方面入手，主要内容包括组织原材料、焊接材料及其他辅助材料的供应，生产设备的调配、安置和检修，工具、夹具、量具及其他生产用品的购置、制造和维修等。

思考：针对垃圾箱滑移臂的焊接，从技术准备方面和物质准备方面入手，参考垃圾箱滑移臂焊接图样和焊接工艺卡，说明如何进行垃圾箱滑移臂的生产组织与准备。

2．备料加工

备料加工是指钢材的焊前加工过程，即按照工艺要求对制造焊接结构的钢材进行一系列加工。备料加工一般包括以下内容：

（1）原材料准备

主要工作是验收钢材（板材、型材或管材），并做好分类、储存、发放工作。发放钢材时应严格按生产计划提出的材料规格与需要量执行。

（2）材料预处理

目的是为基本元件的加工提供合格的原材料，包括钢材的矫平、矫直、除锈、表面防护处理、预落料等工序。现代先进的材料预处理流水线中配有抛丸、除锈、酸洗、磷化、喷涂底漆和烘干等成套设备。

（3）基本元件加工

主要包括放样、划线、钢材剪切或气割、坡口加工、钢材的弯曲、拉伸、压制成形等工序。

目前，随着国内外焊接结构制造自动化水平的提高，以数控切割为主体的备料工艺流程将逐步取代手工的划线、放样及切割等工艺。

思考：针对垃圾箱滑移臂的焊接，如何进行备料加工？有哪些技术要求？

3．装配与焊接

装配与焊接在焊接结构的生产过程中是两个既独立又密切相关的加工工序。将基本元件按照产品图样的要求进行组装的工序称为装配；将装配好的结构通过焊接而形成牢固整体的工序称为焊接。对于复杂的结构往往要经过相互交叉的几次装配和焊接工序才能完成。装配与焊接工艺是焊接结构生产过程中的核心。

思考：根据提供的工艺图样，简述垃圾箱滑移臂的焊接质量控制点。

4．结构质量检验

焊接结构的质量保证工作是贯穿于设计、选材、制造全过程中的一个系统工程。焊接结构质量包括整体结构质量和焊缝质量。整体结构质量是指结构的几何尺寸和性能；焊缝质量的高低关系到结构的强度和安全运行问题，必须严格进行检验。

在焊接结构的生产过程中，各道加工工序中间都应采用不同方法进行不同内容的检验，无论工序检验还是成品检验都是对生产的有效监督，也是保证产品质量的重要手段。

思考：如何进行垃圾箱滑移臂焊接质量检验？

子活动 2　学习活动评价

根据学习活动 1 的学习过程完成本学习活动评价，将评价结果填入表 2–1–3 中。

表 2–1–3　学习活动评价

<table>
<tr><td colspan="2">学习活动名称</td><td></td><td>小组名称</td><td></td><td>组员姓名</td><td colspan="4"></td></tr>
<tr><td colspan="2" rowspan="3">评价项目</td><td rowspan="3">评价内容</td><td colspan="2" rowspan="3">评价依据</td><td rowspan="3">分值</td><td colspan="3">评价方式</td><td rowspan="3">得分小计</td></tr>
<tr><td>自我评价</td><td>小组评价</td><td>教师评价</td></tr>
<tr><td>10%</td><td>40%</td><td>50%</td></tr>
<tr><td rowspan="6">关键能力</td><td rowspan="4">社会能力</td><td>安全、文明操作</td><td colspan="2">操作规范、安全</td><td>10</td><td></td><td></td><td></td><td></td></tr>
<tr><td>团队协作能力</td><td colspan="2">分工明确，互相配合</td><td>10</td><td></td><td></td><td></td><td></td></tr>
<tr><td>沟通表达能力</td><td colspan="2">仪容仪表，演示发言</td><td>10</td><td></td><td></td><td></td><td></td></tr>
<tr><td>问题解决能力</td><td colspan="2">问题解决方法</td><td>10</td><td></td><td></td><td></td><td></td></tr>
<tr><td rowspan="2">方法能力</td><td>学习能力</td><td colspan="2">工作页完成情况</td><td>10</td><td></td><td></td><td></td><td></td></tr>
<tr><td>拓展能力</td><td colspan="2">拓展知识认知</td><td>10</td><td></td><td></td><td></td><td></td></tr>
<tr><td colspan="2">专业能力</td><td>识读焊接工艺文件及明确工艺流程的能力</td><td colspan="2">工作页及课堂发言</td><td>40</td><td></td><td></td><td></td><td></td></tr>
<tr><td colspan="2">指导教师综合评价</td><td colspan="8">得分总计：

指导教师签名：　　　　　　日期：</td></tr>
</table>

注：自我评价、小组评价、教师评价时采用百分制。

学习活动2 技 能 准 备

学习目标

1. 能按要求使用设备和工具，严格执行焊接工艺文件，采用埋弧焊完成铸钢件与铸钢件对接焊缝焊接，采用熔化极非惰性气体保护电弧焊完成铸钢件与低合金钢件对接焊缝焊接、铸钢件与低合金钢件角焊缝焊接。焊接过程中能采取有效措施预防及减少焊接缺陷、焊接变形和焊接应力。

2. 能按要求进行焊接接头的清理、自检。

3. 能按要求对铸钢件进行预热和焊后保温处理。

4. 能对埋弧焊、熔化极非惰性气体保护电弧焊设备和工具等进行日常维护及保养。

学习活动描述

埋弧焊、熔化极非惰性气体保护电弧焊是垃圾箱滑移臂焊接常用的焊接方法。对接平焊和平角焊是实施垃圾箱滑移臂焊接的基础技能，也是关键技能点，其焊接质量检验标准也是垃圾箱滑移臂质量检验的要求。

总学时：94 学时

子活动与建议学时

子活动 1	埋弧焊认知	2 学时
子活动 2	铸钢件埋弧焊板对接平焊	30 学时
子活动 3	铸钢件与低合金钢件熔化极非惰性气体保护电弧焊对接平焊	30 学时
子活动 4	铸钢件与低合金钢件熔化极非惰性气体保护电弧焊平角焊	30 学时
子活动 5	学习活动评价	2 学时

学习准备

资料与材料：工作页、技术标准、技术文件、专业书籍、钩头组件、立臂、焊丝、保护气体（$20\%CO_2+80\%Ar$）（均为体积分数）。

设备与工具：埋弧焊设备、熔化极非惰性气体保护电弧焊设备、碳弧气刨设备、焊接辅助工具、夹具、通风及除尘设备等。

子活动 1　埋弧焊认知

埋弧焊是当今生产效率较高的机械化焊接方法之一，它的全称是自动埋弧焊，又称焊剂层下自动电弧焊。因其生产效率高，焊缝质量高，劳动条件好，已成为压力容器、管段制造、箱型梁柱等重要钢结构制造的主要焊接方法。

学习过程

一、埋弧焊的原理、工作过程、分类及应用

1．写出埋弧焊的定义。

2．埋弧焊的应用为什么越来越广泛？

3．根据图 2-2-1 所示的埋弧焊原理图，写出埋弧焊的工作原理。

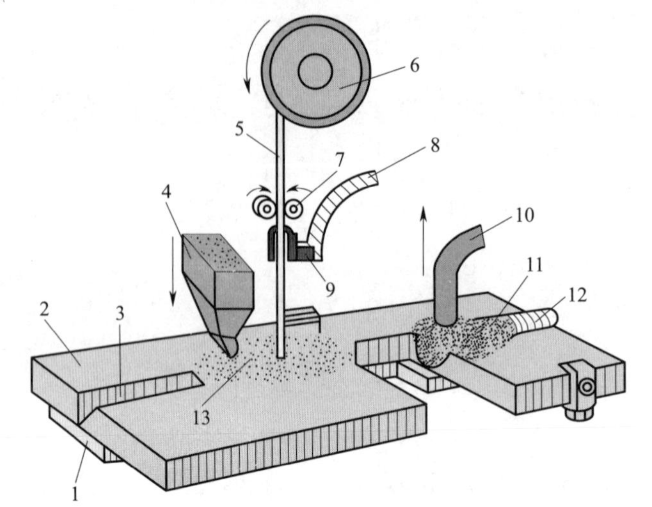

图 2-2-1　埋弧焊原理图

1—垫板　2—焊件　3—坡口　4—焊剂漏斗　5—焊丝　6—焊丝盘　7—送丝滚轮

8—电缆　9—导电嘴　10—焊剂回收管　11—焊渣　12—焊缝　13—焊剂

4．写出埋弧焊焊缝成形过程。

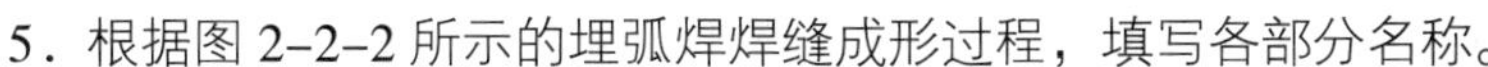

5．根据图 2–2–2 所示的埋弧焊焊缝成形过程，填写各部分名称。

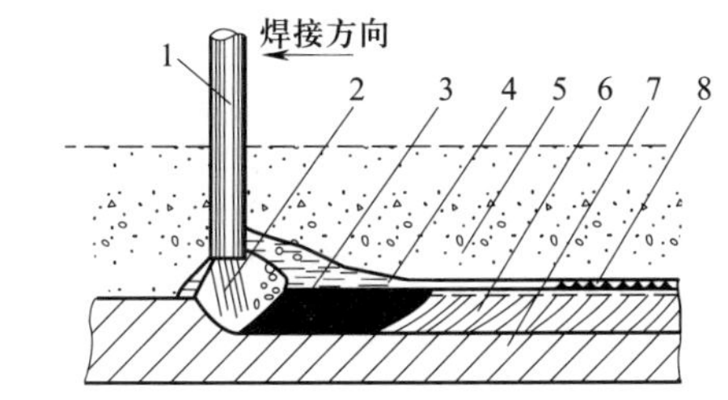

图 2–2–2　埋弧焊焊缝成形过程

1—__________　2—__________　3—__________　4—__________

5—__________　6—__________　7—__________　8—__________

6．查阅资料，写出埋弧焊工作过程，各小组派代表阐述。

7．查阅资料，写出埋弧焊的主要特点，各小组派代表阐述。

8．查阅资料，写出埋弧焊的主要应用，各小组派代表阐述。

二、埋弧焊设备的结构和工作原理

1．根据埋弧焊焊丝种类，确定电弧特性和电源外特性，完成表 2–2–1 的填写工作。

表 2–2–1　　　　电弧特性和电源外特性

焊丝种类	电弧特性	电源外特性
粗丝		
细丝		

2．埋弧焊的电源如何选用?

3．试述埋弧焊直流电源的应用场合及特点。

4．试述埋弧焊交流电源的应用场合及特点。

5．埋弧焊机按自动化程度可以分为哪两类?

6．试述半自动埋弧焊机的主要功能及组成。

7．试述自动埋弧焊机的主要功能及组成。

8．埋弧焊辅助设备

埋弧焊时，为了调整焊机机头与焊件的相对位置，使焊缝处于最佳的施焊位置，或为达到预期的工艺目的，一般都需要有相应的辅助设备与焊机相配合。表 2–2–2 列举了常用的几种辅助设备，请完善各设备的主要功能。

表 2-2-2　　　　埋弧焊辅助设备的主要功能

辅助设备	主要功能
焊接夹具	
焊件变位设备	
焊机变位设备	
焊缝成形设备	
焊剂回收及输送设备	

9．根据上面关于埋弧焊设备的介绍，结合图 2-2-3 所示的埋弧焊设备，说出埋弧焊设备的组成。

图 2-2-3　埋弧焊设备

1—＿＿＿＿＿＿　2—＿＿＿＿＿＿　3—＿＿＿＿＿＿

小贴士

埋弧焊设备的要求

1. 焊接电源

一般采用下降特性电源。电源分交流和直流。直流电源有磁放大器式、晶闸管式和逆变式。由于晶闸管式焊接电源体积适中，效率高，运行可靠，价格低廉，被广泛采用。直流电源的特点是电弧稳定，采用反极性连接，熔深较大，成形美观。

2. 控制电缆

一般采用 16 芯电缆。埋弧焊设备长期处在运动之中，电缆长期弯曲，容易损坏。电缆的质量特别重要，电缆与插头的焊接一定要可靠。由于电缆内部断线造成设备不能工作的例子已经举不胜举，应该引起广大使用者的注意。

3. 焊接小车

焊接小车由电气控制箱、电动机、机械传动装置组成。焊接小车分为等速送丝和变速送丝两种。目前大部分采用变速送丝系统，较为先进的小车已采用无触点数字控制技术。焊接小车应工作平稳、可靠。

三、埋弧焊焊接材料

埋弧焊使用的焊剂是颗粒状可熔化的物质，其作用相当于焊条的药皮。

1．查阅资料说明对焊剂的基本要求。

2．焊剂的分类

埋弧焊焊剂可按用途、制造方法、化学成分、化学性质等分类，根据分类方法对焊剂进行分类，完成表 2–2–3 的填写工作。

表 2–2–3 埋弧焊焊剂分类

<table>
<tr><td colspan="2">分类方法</td><td>焊剂名称</td></tr>
<tr><td colspan="2">用途</td><td></td></tr>
<tr><td colspan="2">制造方法</td><td></td></tr>
<tr><td rowspan="2">化学成分</td><td>碱度</td><td></td></tr>
<tr><td>主要成分</td><td></td></tr>
<tr><td colspan="2">化学性质</td><td></td></tr>
</table>

3．焊剂型号编制方法

（1）常用焊剂分为哪几类?

（2）试述焊剂型号的表示方法。

4．焊剂与焊丝的选配原则是什么?

四、埋弧焊焊接工艺

1．查阅资料，写出埋弧焊的焊接参数。

2．请写出焊接电流对焊缝成形的影响。

3．请写出电弧电压对焊缝成形的影响。

4．请写出焊接速度对焊缝成形的影响。

5．请写出焊丝直径和伸出长度对焊缝成形的影响。

6．请写出焊丝倾角对焊缝成形的影响。

五、埋弧焊操作技术

1．埋弧焊常用的焊接技术有哪些？试举例说明。

2．下列关于埋弧焊操作的说法是否正确?

（1）埋弧焊设备操作人员必须经过电弧焊接工作的专门培训，持证上岗，非本机操作人员，严禁擅自操作设备。（　　）

（2）作业前检查电缆绝缘情况，如有损坏应立即停止使用，确认各部位导线连接良好，控制箱外壳和接线板上的罩壳盖好。（　　）

（3）作业过程中，操作人员要集中精力，正确操作，注意机械情况，不得擅自离岗或将机器交给其他无证人员操作，严禁无关人员进入作业区。（　　）

（4）焊接过程中，不许铲药皮及清渣，铲药皮及清渣时要戴护目镜。（　　）

（5）认真、及时做好保养工作，保持机械完好状态，机械不得带病工作，运转中若发现不正常，应立即停机断电检查，排除故障后方可继续使用。（　　）

（6）操作人员下班时，要将机械停放在指定位置，关机断电，锁好电气箱，清理现场杂物和焊渣。（　　）

六、子活动学习评价

学习活动评价见表 2–2–4。

表 2–2–4　学习活动评价

学习活动名称			小组名称		组员姓名				
评价项目		评价内容	评价依据		分值	评价方式			得分小计
						自我评价	小组评价	教师评价	
						10%	40%	50%	
关键能力	社会能力	安全、文明操作	操作规范、安全		20				
		团队协作能力	分工明确，互相配合		20				
		沟通表达能力	仪容仪表，演示发言		20				
	方法能力	信息处理能力	工作小结		20				
		学习能力	工作页完成情况		20				
指导教师综合评价		得分总计： 指导教师签名：　　　　日期：							

注：自我评价、小组评价、教师评价时均采用百分制。

子活动 2　铸钢件埋弧焊板对接平焊

由于埋弧焊的灵活性较差，一般只适用于焊接水平位置或倾斜角度不大的焊缝，对接平焊是埋弧焊最常用的接头形式和空间位置，通过铸钢件埋弧焊板对接平焊，对埋弧焊有系统性的了解和掌握。

学习过程

铸钢件埋弧焊板对接平焊技能是中级焊工需掌握的技能之一。掌握该技能也是完成垃圾箱滑移臂焊接任务的前提。焊工需要从焊件图中读取相关信息，并按照焊接工艺卡规定的焊接参数进行焊接。

一、焊件图与焊接工艺卡

1．焊件图（见图 2–2–4）

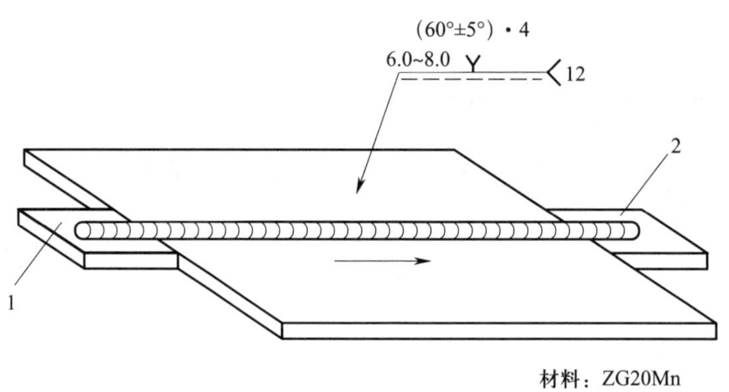

图 2–2–4　焊件图

1—引弧板　2—引出板

从图 2–2–4 中可以看出，母材材料为__________，焊接时母材两端分别安装__________和__________，所选用的焊接方法为__________。

2．焊缝符号 (60°±5°)·4 6.0~8.0 Y 12 表示母材开______形坡口，坡口角度为______________，钝边高度为__________mm，根部间隙为__________mm，12 表示焊接方法为________________。

3．焊接工艺卡（见表 2–2–5）

表 2–2–5　　焊接工艺卡

<table>
<tr><td>工程名称</td><td colspan="3">铸钢件埋弧焊板对接平焊</td><td>工艺卡编号</td><td colspan="3">01</td></tr>
<tr><td>名称</td><td>铸钢件埋弧焊</td><td>材料</td><td>ZG20Mn</td><td>焊接方法</td><td>埋弧焊</td><td>焊工资格</td><td>特种作业操作证</td></tr>
<tr><td>焊评编号</td><td colspan="2">001</td><td>无损检测</td><td colspan="2">按 GB/T 9444—2019，用磁粉检测，检测比例为 100%</td><td>合格等级</td><td>SM01 级、LM01 级、AM01 级</td></tr>
<tr><td>适用范围</td><td colspan="7">板对接平焊焊缝</td></tr>
<tr><td>焊接层次</td><td colspan="3">焊接电流 /A</td><td colspan="2">电弧电压 /V</td><td colspan="2">焊接速度 /（cm/min）</td></tr>
<tr><td>1</td><td colspan="3">700 ~ 720</td><td colspan="2">35 ~ 37</td><td colspan="2">45</td></tr>
<tr><td>2</td><td colspan="3">720 ~ 760</td><td colspan="2">37 ~ 39</td><td colspan="2">45</td></tr>
<tr><td>3</td><td colspan="3">730 ~ 790</td><td colspan="2">38 ~ 40</td><td colspan="2">45</td></tr>
<tr><td>坡口尺寸及熔敷图</td><td colspan="3">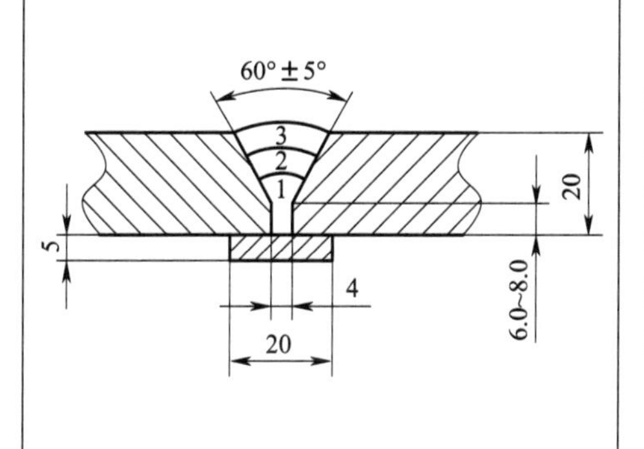</td><td>焊接技术要求</td><td colspan="3">1．定位焊缝间距为 300 ~ 400 mm，焊缝长度为 15 ~ 20 mm，使用 J427 型焊条，并清除焊渣
2．检查焊缝两端始焊点的引弧板和终焊点的引出板，其规格尺寸为 80 mm × 80 mm，厚度≥母材（20 mm）
3．将焊接小车推至引弧板端，在焊机空载状态下调节焊接参数，并达到要求值，开始引燃电弧
4．焊接过程中应注意观察焊接电流表与电压表的读数是否与选定的焊接参数相符，如不符，应及时调整到规定值。同时要注意焊剂的覆盖情况，要求焊剂在焊接过程中必须覆盖均匀，不应过厚，也不应过薄而露出弧光</td></tr>
</table>

从焊接工艺卡中可以看出，焊缝分______层______道焊接；定位焊缝间距为________________mm，焊缝长度为________________mm；焊后需经________检测，合格等级为________级。

二、焊前准备

1．写出焊接所需的设备、材料、辅助工具、安全防护用品和检测工具清单，填写表 2–2–6。

表 2–2–6　　设备、材料、辅助工具、安全防护用品和检测工具

序号	焊前准备项目	明细
1	设备	
2	材料	
3	辅助工具	
4	安全防护用品	
5	检测工具	

2．焊前要对______、______、__________________、________、________等安全项目进行检查，判断下列关于埋弧焊操作技术的说法是否正确。

（1）自动埋弧焊机焊接小车的轮子和导线应绝缘良好，工作过程中应理顺导线，防止其扭转或被熔渣烧坏。（　　）

（2）控制箱和焊机外壳应可靠接地（零）及防止漏电。接线板罩壳必须盖好。（　　）

（3）焊接过程中应注意防止焊剂突然停止供给而产生强烈弧光，灼伤焊工的眼睛。因此，焊工作业时应戴普通防护眼镜。（　　）

（4）半自动埋弧焊的焊枪应有固定放置处，以防发生短路。（　　）

（5）自动埋弧焊焊剂中含有氧化锰等对人体有害的物质。焊接时虽不像焊条电弧焊那样产生可见烟雾，但将产生一定量的有害气体。因此，在工作地点最好有局部的抽气通风设备。（　　）

3．完成埋弧焊焊前准备工作，将准备工序及要求填入表 2–2–7 中。

表 2–2–7　　埋弧焊焊前准备工序及要求

序号	工序	准备要求
1		坡口的加工要保证焊缝根部不出现未焊透或夹渣，并减少填充金属量
2		将坡口和坡口两侧各 20 mm 区域内及待焊部位表面的锈蚀、氧化皮、油污等清理干净
3		清除焊丝表面的氧化皮、锈蚀和油污等，焊剂保存时要注意防潮，使用前必须按规定的温度烘干待用

根据上述要求做好各项焊前准备工作。

三、装配与焊接

1．装配

焊件装配时必须保证接缝间隙均匀，高低平整且不错边。需在焊缝两端加装引弧板和引出板。根据埋弧焊装配要求，完成表 2–2–8 的填写工作。

表 2–2–8　　装配要求

定位焊位置和焊缝长度	装配间隙	钝边	错边量

2．焊接

写出埋弧焊的主要过程及操作要点。

3．请认真观摩指导教师现场焊接操作示范，选用符合规定的焊接参数分组进行焊接技能练习，记录焊接时实际选用的焊接参数，完成表 2–2–9 的填写工作。

表 2–2–9　实际选用的焊接参数

焊接层次	电源极性	焊接电流 /A	电弧电压 /V	焊接速度 /（cm/min）
1				
2				
3				
4				

4．判断下列关于埋弧焊焊接结束后的工作说法是否正确。

（1）焊接结束后要及时关闭焊剂漏斗阀门，停送焊剂。（　　）

（2）焊接结束后焊丝停止送进，但电弧仍燃烧，以填满熔池。（　　）

（3）焊剂要及时回收，供下次使用，但要注意勿混入焊渣。（　　）

（4）场地打扫干净、整洁，符合“6S”标准。（　　）

四、检验

1．写出检验埋弧焊板对接平焊焊缝外部质量时所需工具和量具。

2．各组分工合作，将每名组员的外部质量检测结果填入技能鉴定评分表中（见表 2-2-10），并计算自检得分、小组检测得分和教师检测得分，填写表 2-2-11。

表 2-2-10　技能鉴定评分表

序号	考核内容	考核要点	评分标准	配分	扣分	得分
1	焊前准备	个人防护装备及工具准备齐全，焊接参数设置、设备调试正确	个人防护装备及工具不符合要求，焊接参数设置及设备调试不正确，有一项扣 1 分，扣完为止	5		
2	焊接操作	固定焊件的空间位置符合要求	超出规定范围扣 10 分	10		
3	外部质量	焊缝表面不允许有焊瘤、气孔、烧穿、夹渣等缺陷	出现任何一项缺陷该项不得分	10		
		焊缝咬边	1．咬边深度≤ 0.5 mm 时，每 5 mm 长度扣 1 分，累计长度超过焊缝有效长度的 15% 时，不得分 2．0.5 mm< 咬边深度≤ 1.5 mm 时，每 5 mm 长度扣 2 分，累计长度超过焊缝有效长度的 15% 时，不得分 3．咬边深度 >1.5 mm 时，不得分	8		
		未焊透	1．未焊透深度≤ 15% δ，且≤ 1.5 mm 时，累计长度超过焊缝有效长度的 10% 时，不得分 2．未焊透深度 >1.5 mm 时，不得分	8		
		背面凹坑	1．深度≤ 20% δ 且≤ 2 mm 时，累计长度超过焊缝有效长度的 10% 时，不得分 2．深度 >2 mm 时，不得分	4		
		焊缝余高、焊缝宽度及宽度差	焊缝余高为 0 ~ 3 mm，焊缝宽度比坡口每侧增宽 0.5 ~ 2.5 mm，宽度差≤ 3 mm，每种尺寸超差一处扣 2 分，扣完为止	10		
		错边量≤ 10% δ	超差不得分	5		
		焊后角变形≤ 3°	超差不得分	5		
4	内部质量	磁粉检测	根据 GB/T 9444—2019，SM01 级、LM01 级、AM01 级为满分，每降一级扣 5 分，扣完为止	30		
5	其他	安全文明生产	设备复原，工具摆放整齐，清理焊件，打扫场地，关闭电源，出现一处不符合要求扣 1 分，扣完为止	5		
6	定额	操作时间	每超过 1 min 从总分中扣 2 分			
合计（自检）				100		

否定项（出现一项该次焊接操作不合格）：

（1）焊缝出现裂纹、未熔合缺陷。

（2）焊接时间超过定额 50%。

（3）焊件原始表面破坏。

（4）未进行磁粉检测。

表 2-2-11　　检测结果

检测方式	自检（10%）	小组检测（40%）	教师检测（50%）	总分
得分				

3．按照世界技能大赛外观检验标准进行评分，计算评分结果，完成表 2-2-12 的填写工作。

表 2-2-12　　世界技能大赛评分表

序号	分值	评分内容	要求	实测值 / 结果	得分
1	0.5	有无电弧擦伤	是 / 否		
2	0.5	有无打磨痕迹	是 / 否		
3	0.5	有无表面气孔	是 / 否		
4	0.5	焊接接头是否有咬边， 允许咬边最大深度为 0.5 mm	是 / 否		
5	0.5	是否有未焊透和根部未熔合	是 / 否		
6	0.5	是否有焊瘤	是 / 否		
7	0.5	是否有下塌（过分熔透）且下塌≤ 2 mm	是 / 否		
8	0.5	余高是否在允许范围内 （允许余高为 0 ~ 3 mm， 且同一焊道的变化范围≤ 1.5 mm）	是 / 否		
9	0.5	坡口是否焊满	是 / 否		
10	0.5	是否有错边	是 / 否		
11	0.5	对接焊缝宽度是否均匀一致， 允许宽度差≤ 2 mm	是 / 否		
总分		5.5	实际得分		

4．填写好工序流转单（见表 2-2-13），交给下一道工序。

表 2-2-13　　工序流转单

产品名称	垃圾箱滑移臂	工序名称	铸钢件埋弧焊板对接平焊
工段		班组	
工序名称	负责人签字	施工人员签字	日期
铸钢件埋弧焊定位焊			
铸钢件埋弧焊			

5．每位同学写一份学习小结，字数不少于 200 字。各组派一名代表叙述。

五、子活动学习评价

学习活动评价见表 2–2–14。

表 2–2–14 学习活动评价

<table>
<tr><td colspan="2">学习活动名称</td><td></td><td>小组名称</td><td></td><td>组员
姓名</td><td colspan="4"></td></tr>
<tr><td colspan="2" rowspan="3">评价项目</td><td rowspan="3">评价内容</td><td colspan="2" rowspan="3">评价依据</td><td rowspan="3">分值</td><td colspan="3">评价方式</td><td rowspan="3">得分
小计</td></tr>
<tr><td>自我
评价</td><td>小组
评价</td><td>教师
评价</td></tr>
<tr><td>10%</td><td>40%</td><td>50%</td></tr>
<tr><td rowspan="5">关键
能力</td><td rowspan="3">社会
能力</td><td>安全、文明操作</td><td colspan="2">操作规范、安全</td><td>10</td><td></td><td></td><td></td><td></td></tr>
<tr><td>团队协作能力</td><td colspan="2">分工明确，互相配合</td><td>10</td><td></td><td></td><td></td><td></td></tr>
<tr><td>沟通表达能力</td><td colspan="2">仪容仪表，演示发言</td><td>10</td><td></td><td></td><td></td><td></td></tr>
<tr><td rowspan="2">方法
能力</td><td>信息处理能力</td><td colspan="2">工作小结</td><td>10</td><td></td><td></td><td></td><td></td></tr>
<tr><td>学习能力</td><td colspan="2">工作页完成情况</td><td>10</td><td></td><td></td><td></td><td></td></tr>
<tr><td colspan="2">专业能力</td><td>焊接质量</td><td colspan="2">评分表</td><td>50</td><td></td><td></td><td></td><td></td></tr>
<tr><td colspan="2">指导教师
综合评价</td><td colspan="8">得分总计：

指导教师签名：　　　　　　　　日期：</td></tr>
</table>

注：自我评价、小组评价、教师评价时采用百分制。

子活动 3　铸钢件与低合金钢件熔化极非惰性气体保护电弧焊对接平焊

学习过程

铸钢件与低合金钢件熔化极非惰性气体保护电弧焊对接平焊技能是中级焊工需掌握的技能之一。掌握该技能也是完成垃圾箱滑移臂焊接任务的前提。焊工需要从焊件图中读取相关信息，并按照焊接工艺卡规定的焊接参数进行焊接。

一、焊件图与焊接工艺卡

1．焊件图（见图 2–2–5）

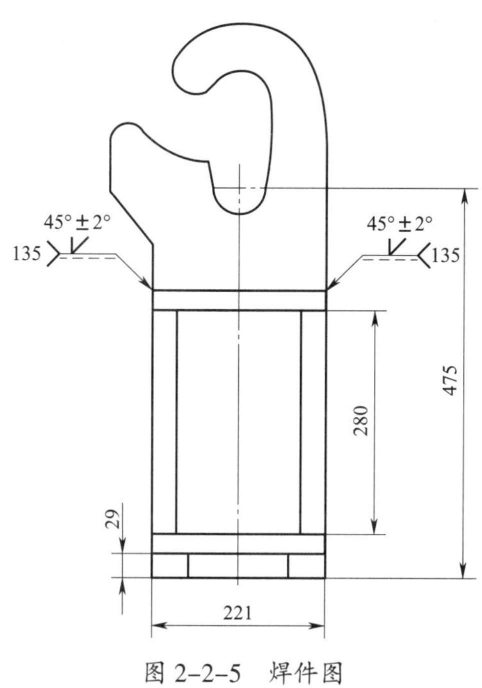

图 2–2–5　焊件图

2．画出铸钢件与低合金钢件焊接焊件图中的焊缝符号并回答下列问题。

其中 V 表示母材开________形坡口，坡口角度为____________，135 表示焊接方法为____。

3．焊接工艺卡（见表 2-2-15）

表 2-2-15　　　　焊接工艺卡

<table>
<tr><td>工程名称</td><td colspan="3">垃圾箱滑移臂焊接</td><td>工艺卡编号</td><td colspan="4">02</td></tr>
<tr><td>名称</td><td>钩头组件与立臂焊接</td><td>材料</td><td>钩头组件：ZG20Mn
立臂：Q355C</td><td>焊接方法</td><td colspan="2">熔化极非惰性气体保护电弧焊</td><td>焊工资格</td><td>特种作业操作证</td></tr>
<tr><td>焊评编号</td><td colspan="2">002</td><td>无损检测</td><td colspan="3">按 GB/T 9444—2019，用磁粉检测，检测比例为 100%</td><td>合格等级</td><td>SM01 级、LM01 级、AM01 级</td></tr>
<tr><td>适用范围</td><td colspan="8">铸钢件与低合金钢件对接平焊焊缝</td></tr>
<tr><td>焊接层次</td><td>焊接电流 / A</td><td>电弧电压 / V</td><td>气体流量 /（L/min）</td><td>保护气体种类</td><td>焊丝直径 /mm</td><td>预热温度 /℃</td><td>层间温度 /℃</td><td>焊接速度 /（cm/min）</td></tr>
<tr><td>1</td><td>260 ~ 280</td><td>28 ~ 30</td><td rowspan="3">15 ~ 20</td><td rowspan="3">20%CO_2+80%Ar（均为体积分数）</td><td rowspan="3">1.2</td><td rowspan="3">150 ~ 200</td><td rowspan="3">150 ~ 300</td><td rowspan="3">35 ~ 55</td></tr>
<tr><td>2</td><td>280 ~ 300</td><td>30 ~ 32</td></tr>
<tr><td>3</td><td>280 ~ 300</td><td>30 ~ 32</td></tr>
<tr><td>坡口尺寸及熔敷图</td><td colspan="3">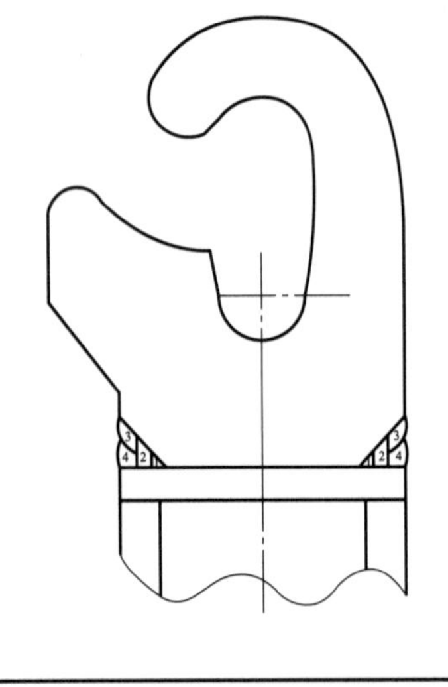</td><td>焊接技术要点</td><td colspan="4">1．焊接前必须将垃圾箱滑移臂上的缺陷彻底清除，可采用铲挖、磨削、碳弧气刨、气割等方法，坡口面应修整圆滑，不得存在尖角
2．采用多层焊，每层焊缝接头错开 20 mm
3．焊接完毕应认真清理表面的焊渣、飞溅物，但不能破坏焊缝的原始表面
4．焊缝均匀、整齐，去除焊接杂质，不得有气孔等焊接缺陷
5．焊后通过振动时效去应力
6．所有关键焊缝均需 100% 进行磁粉检测
7．非加工表面按规定喷涂防锈底漆和黑色面漆</td></tr>
</table>

结合焊件图，分析焊接工艺卡可以看出，此结构为__________焊接，其中铸钢件的材料为__________，低合金钢件材料为__________。焊缝分__________层__________道焊接；定位焊缝有__________处，长度为__________mm；焊后需经__________检测，合格等级为__________级。

二、焊前准备

1．根据工作要求，将所需的设备、材料、辅助工具、安全防护用品和检测工具填入表 2-2-16 中。

表 2-2-16 设备、材料、辅助工具、安全防护用品和检测工具

设备	
材料	
辅助工具	
安全防护用品	
检测工具	

2．写出表 2-2-17 所列的焊前安全检查项目的要求。

表 2-2-17 焊前安全检查项目要求

序号	检测项目	要求
1	场地	
2	设备	
3	工具	
4	夹具	
5	安全防护用品	

3．如何确定焊件质量是否合格?

4．如何确保焊接材料质量合格?

5．如何确保坡口尺寸符合要求?

6．焊接前应如何清理坡口?

三、装配与焊接

1．如何确保铸钢件的原始质量?

2．按要求进行焊前准备检查，完成表 2–2–18 的填写工作。若坡口尺寸、焊缝清理不符合要求，须修整合格后再进行定位焊。

表 2–2–18　　焊前准备检查

检查指标	坡口尺寸	焊缝清理
规定值	60° ±5°	焊缝周围 20 mm
测量值		
是否符合要求		

3．定位焊

定位焊的焊接材料与正式焊接时的材料一致，使用的焊丝为＿＿＿＿＿＿，焊丝直径为＿＿＿＿＿mm，焊接用气体为＿＿＿＿＿＿＿＿＿＿＿＿＿＿＿＿＿＿，定位焊的电流要比正式焊接时稍大一些。定位焊后将焊缝处飞溅物清理干净，并且定位焊缝不允许出现任何缺陷，如出现缺陷，必须将其清理干净后重焊。单个定位焊缝长度为＿＿＿＿＿mm。

4．装配质量检验

施焊前，复查组装质量、定位焊质量和焊接部位的清理情况，若不符合要求，修整合格后方可施焊。请按要求进行装配质量检验，完成表 2–2–19 的填写工作。

表 2-2-19　　装配质量检验

检查指标	定位焊缝长度	焊缝清理	有无焊接缺陷
规定值	10 ~ 15 mm	焊缝周围 20 mm	无
测量值			
是否符合要求			

5．焊接钩头组件与立臂对接焊缝

（1）如果铸钢件坡口近表面存在缺陷应如何处理?

（2）焊接铸钢件时如何优化焊接顺序?

（3）判断下列关于多层、多道焊的说法是否正确。

1）板厚≥ 6 mm 时，应采用多层、多道焊接。（　　）

2）打底层焊接时，在保证熔透的情况下，应尽可能选取小电流、低电压、高焊接速度，以减小焊接热输入和焊缝厚度。（　　）

3）一条焊缝分段焊接时，搭接尺寸应不少于 15 mm，多层、多道焊时每一道焊缝接口位置应错开，而不应在一条垂直线上，每层、每道焊缝起弧和收弧位置应错开 20 ~ 30 mm。（　　）

4）多层、多道焊应连续施焊，每一道焊缝完成后应及时清理焊渣及表面飞溅物，发现影响焊接质量的

缺陷时，应清除后方可再焊。（　　）

5）连续焊接过程中应控制焊接区母材温度，使层间温度的下限不低于预热温度，符合焊接开始时的预热温度。（　　）

6）结构件在焊后冷却至室温前，如有必要可以吊转、翻动或敲击焊件。（　　）

7）引弧部位应在焊缝区域且不应在焊缝端部，绝不允许在非焊缝区域进行引弧，如有必要可增加引弧板。同时应避免电弧擦伤母材。（　　）

8）焊后不准撞砸接头，不准往刚焊完的接头或钢材上浇水、浇油或以风冷方式进行快速降温。低温环境下应采用石棉或火焰加热器进行缓冷。（　　）

9）低温环境下焊接焊后应立即清渣。（　　）

10）隐蔽部位的焊缝必须验收合格后方可进行下道工序。（　　）

（4）请认真观摩指导教师现场焊接操作示范，选用符合规定的焊接参数分组进行焊接技能练习，记录焊接时实际选用的焊接参数，完成表 2–2–20 的填写工作。

表 2–2–20　钩头组件与立臂焊接参数

焊接层次	焊接电流 /A	电弧电压 /V	气体流量 /（L/min）	层间温度 /℃
1				
2				
3				
4				
5				

6．写出焊后清理的要求，填写表 2–2–21。

表 2–2–21　焊后清理要求

序号	内容	要求
1	焊件	
2	场地	
3	设备	
4	工具	

7．简述钩头组件与立臂焊接过程中出现的问题及解决措施。

四、检验

1．写出检验钩头组件与立臂对接焊缝外部质量时所需工具和量具。

2．焊接质量检验包括外部质量检验和内部质量检验两方面。焊后外部质量检验可借助焊接检验尺、低倍放大镜、标准样板、手电筒和量规等检测工具检测焊接接头的形状、尺寸和缺陷。各组分工合作，将每名组员的外部质量检测结果填入技能鉴定评分表中（见表 2–2–22），并计算自检得分、小组检测得分和教师检测得分，填写表 2–2–23。

表 2–2–22　　技能鉴定评分表

序号	考核内容	考核要点	评分标准	配分	扣分	得分
1	焊前准备	个人防护装备及工具准备齐全，焊接参数设置、设备调试正确	个人防护装备及工具不符合要求，焊接参数设置及设备调试不正确，有一项扣 1 分，扣完为止	5		
2	焊接操作	固定焊件的空间位置符合要求	超出规定范围扣 10 分	10		
3	外部质量	焊缝表面不允许有焊瘤、气孔、烧穿、夹渣等缺陷	出现任何一项缺陷该项不得分	10		
		焊缝咬边	1．咬边深度≤ 0.5 mm 时，每 5 mm 长度扣 1 分，累计长度超过焊缝有效长度的 15% 时，不得分 2．0.5 mm< 咬边深度≤ 1.5 mm 时，每 5 mm 长度扣 2 分，累计长度超过焊缝有效长度的 15% 时，不得分 3．咬边深度 >1.5 mm 时，不得分	8		

续表

序号	考核内容	考核要点	评分标准	配分	扣分	得分
3	外部质量	未焊透	1．未焊透深度≤ 15% δ，且≤ 1.5 mm 时，累计长度超过焊缝有效长度的 10% 时，不得分 2．未焊透深度 >1.5 mm 时，不得分	8		
		背面凹坑	1．深度≤ 20% δ 且≤ 2 mm 时，累计长度超过焊缝有效长度的 10% 时，不得分 2．深度 >2 mm 时，不得分	4		
		焊缝余高、焊缝宽度及宽度差	焊缝余高为 0 ～ 3 mm，焊缝宽度比坡口每侧增宽 0.5 ～ 2.5 mm，宽度差≤ 3 mm，每种尺寸超差一处扣 2 分，扣完为止	10		
		错边量≤ 10% δ	超差不得分	5		
		焊后角变形≤ 3°	超差不得分	5		
4	内部质量	磁粉检测	根据 GB/T 9444—2019，SM01 级、LM01 级、AM01 级为满分，每降一级扣 5 分，扣完为止	30		
5	其他	安全文明生产	设备复原，工具摆放整齐，清理焊件，打扫场地，关闭电源，出现一处不符合要求扣 1 分，扣完为止	5		
6	定额	操作时间	每超过 1min 从总分中扣 2 分			
合计（自检）				100		

否定项（出现一项该次焊接操作不合格）：
（1）焊缝出现裂纹、未熔合缺陷。
（2）焊接时间超过定额 50%。
（3）焊件原始表面破坏。
（4）未进行磁粉检测。

表 2-2-23　检测结果

检测方式	自检（10%）	小组检测（40%）	教师检测（50%）	总分
得分				

3．按照世界技能大赛外观检验标准进行评分，计算评分结果，完成表 2-2-24 的填写工作。

表 2-2-24　世界技能大赛评分表

序号	分值	评分内容	要求	实测值 / 结果	得分
1	0.5	有无电弧擦伤	是 / 否		
2	0.5	有无打磨痕迹	是 / 否		
3	0.5	有无表面气孔	是 / 否		

续表

序号	分值	评分内容	要求	实测值 / 结果	得分
4	0.5	焊接接头是否有咬边， 允许咬边最大深度为 0.5 mm	是 / 否		
5	0.5	是否有未焊透和根部未熔合	是 / 否		
6	0.5	是否有焊瘤	是 / 否		
7	0.5	是否有下塌（过分熔透）且下塌≤ 2 mm	是 / 否		
8	0.5	余高是否在允许范围内 （允许余高为 0 ~ 3 mm， 且同一焊道的变化范围≤ 1.5 mm）	是 / 否		
9	0.5	坡口是否焊满	是 / 否		
10	0.5	是否有错边	是 / 否		
11	0.5	对接焊缝宽度是否均匀一致， 允许宽度差≤ 2 mm	是 / 否		
总分		5.5	实际得分		

4．填写好工序流转单（见表 2-2-25），交给下一道工序。

表 2-2-25　　工序流转单

产品名称	垃圾箱滑移臂	工序名称	铸钢件与低合金钢件熔化极 非惰性气体保护电弧焊对接平焊
工段		班组	
工序名称	负责人签字	施工人员签字	日期
铸钢件与低合金钢件熔化极 非惰性气体保护电弧焊定位焊			
铸钢件与低合金钢件熔化极 非惰性气体保护电弧焊对接平焊			

5．每位同学写一份学习小结，字数不少于 200 字。各组派一名代表叙述。

五、子活动学习评价

学习活动评价见表 2–2–26。

表 2–2–26　　学习活动评价

<table>
<tr><td colspan="2">学习活动名称</td><td></td><td>小组名称</td><td></td><td>组员姓名</td><td colspan="4"></td></tr>
<tr><td colspan="2" rowspan="3">评价项目</td><td rowspan="3">评价内容</td><td colspan="2" rowspan="3">评价依据</td><td rowspan="3">分值</td><td colspan="3">评价方式</td><td rowspan="3">得分小计</td></tr>
<tr><td>自我评价</td><td>小组评价</td><td>教师评价</td></tr>
<tr><td>10%</td><td>40%</td><td>50%</td></tr>
<tr><td rowspan="5">关键能力</td><td rowspan="3">社会能力</td><td>安全、文明操作</td><td colspan="2">操作规范、安全</td><td>10</td><td></td><td></td><td></td><td></td></tr>
<tr><td>团队协作能力</td><td colspan="2">分工明确，互相配合</td><td>10</td><td></td><td></td><td></td><td></td></tr>
<tr><td>沟通表达能力</td><td colspan="2">仪容仪表，演示发言</td><td>10</td><td></td><td></td><td></td><td></td></tr>
<tr><td rowspan="2">方法能力</td><td>信息处理能力</td><td colspan="2">工作小结</td><td>10</td><td></td><td></td><td></td><td></td></tr>
<tr><td>学习能力</td><td colspan="2">工作页完成情况</td><td>10</td><td></td><td></td><td></td><td></td></tr>
<tr><td colspan="2">专业能力</td><td>焊接质量</td><td colspan="2">评分表</td><td>50</td><td></td><td></td><td></td><td></td></tr>
<tr><td colspan="2">指导教师综合评价</td><td colspan="8">得分总计：

指导教师签名：　　　　　　　　　　　日期：</td></tr>
</table>

注：自我评价、小组评价、教师评价时采用百分制。

子活动 4　铸钢件与低合金钢件熔化极非惰性气体保护电弧焊平角焊

学习过程

铸钢件与低合金钢件熔化极非惰性气体保护电弧焊平角焊技能是中级焊工需掌握的技能之一。掌握该技能也是完成垃圾箱滑移臂焊接任务的前提。焊工需要从焊件图中读取相关信息，并按照焊接工艺卡规定的焊接参数进行焊接。

一、焊件图与焊接工艺卡

1．焊件图（见图 2-2-6）

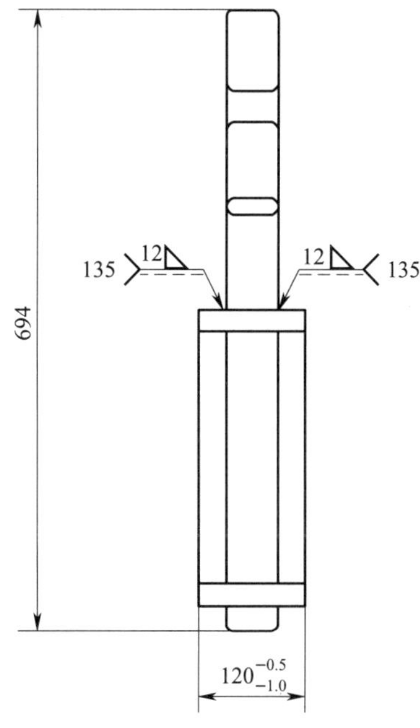

图 2-2-6　焊件图

结合焊件图，分析焊接工艺卡可以看出，此结构为异种钢焊接，其中铸钢件的材料为＿＿＿＿＿＿＿＿，低合金钢件材料为＿＿＿＿＿＿。

2．画出铸钢件与低合金钢件焊接焊件图中的焊缝符号并回答下列问题。

其中◺表示＿＿＿＿＿＿＿＿＿＿＿＿＿＿＿，焊脚尺寸为＿＿＿＿＿＿＿＿mm，135 表示焊接方法为＿＿＿＿＿＿＿＿＿＿＿＿＿＿＿＿＿＿＿＿。

3．焊接工艺卡（见表 2-2-27）

表 2-2-27　　焊接工艺卡

工程名称	垃圾箱滑移臂焊接			工艺卡编号	03		
名称	钩头组件与立臂焊接	材料	钩头组件：ZG20Mn 立臂：Q355C	焊接方法	熔化极非惰性气体保护电弧焊	焊工资格	特种作业操作证
焊评编号	003		无损检测	按 GB/T 9444—2019，用磁粉检测，检测比例为 100%		合格等级	SM01 级、LM01 级、AM01 级
适用范围	铸钢件与低合金钢件平角焊焊缝						

续表

<table>
<tr><th>焊接层次</th><th>焊接电流 / A</th><th>电弧电压 / V</th><th>气体流量 /（L/min）</th><th>保护气体种类</th><th>焊丝直径 /mm</th><th>预热温度 /℃</th><th>层间温度 /℃</th><th>焊接速度 /（cm/min）</th></tr>
<tr><td>1</td><td>260 ~ 280</td><td>28 ~ 30</td><td rowspan="2">15 ~ 20</td><td rowspan="2">20%CO_2+80%Ar（均为体积分数）</td><td rowspan="2">1.2</td><td rowspan="2">150 ~ 200</td><td rowspan="2">150 ~ 300</td><td rowspan="2">35 ~ 55</td></tr>
<tr><td>2</td><td>280 ~ 300</td><td>30 ~ 32</td></tr>
<tr><td>坡口尺寸及熔敷图</td><td colspan="3">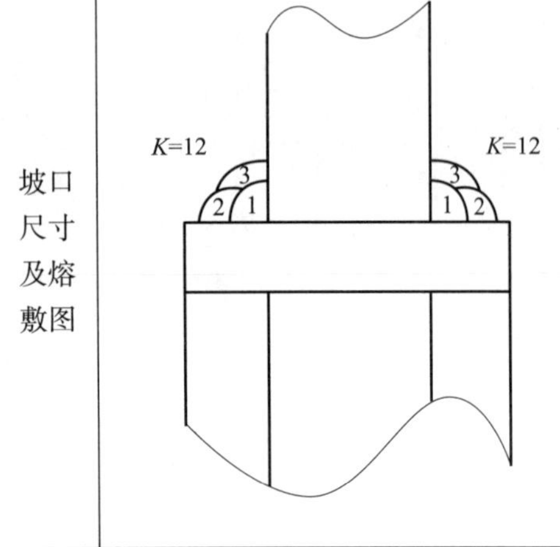
</td><td>焊接技术要点</td><td colspan="4">1. 焊接前必须将垃圾箱滑移臂上的缺陷彻底清除，可采用铲挖、磨削、碳弧气刨、气割等方法，坡口面应修整圆滑，不得存在尖角
2. 采用多层焊，每层焊缝接头错开 20 mm
3. 焊接完毕应认真清理表面的焊渣、飞溅物，但不能破坏焊缝的原始表面
4. 焊缝均匀、整齐，去除焊接杂质，不得有气孔等焊接缺陷
5. 焊后通过振动时效去应力
6. 所有关键焊缝均需 100% 进行磁粉检测
7. 非加工表面按规定喷涂防锈底漆和黑色面漆</td></tr>
</table>

焊缝分__________层__________道焊接，焊脚尺寸为__________mm；定位焊缝有__________处，长度为__________ mm；焊后需经____________检测，合格等级为__________级。

二、焊前准备

1．写出铸钢件与低合金钢件焊接所需的工具、材料、设备。

（1）工具

安全防护用品：____________________、__________________、_________________、________________、________________、________________、_________________。

辅助工具：________________、________________、______________、______________、______________。

检测工具：________________、_________________、_________________、________________。

（2）材料

母材、焊接材料：________________、________________、________________、_________________。

（3）设备

__________________________、________________。

2．将焊前安全检查项目的序号填入对应的括号内，并完成相应的安全检查。

（　　）周围 10 m 范围内无易燃、易爆物品；面积≥ 4 m^2；照明良好。

（　　）无漏电、漏水（水冷式焊机）现象；风扇运转正常；通风、除尘系统正常。

（　　）无漏电、电缆破损现象。

（　　）无破损，能正常使用；可过滤或隔离烟尘和有毒气体。

（　　）遮挡严密，无漏光现象。

①焊机；②焊接防护服、焊工防护手套、安全防护鞋、防尘口罩；③焊接防护面罩和护目镜片；④角向磨光机；⑤场地。

3．焊前准备工作中对焊接材料有什么要求？

4．焊前预热

（1）焊接铸钢件时对环境有什么特殊要求？

（2）判断下列关于火焰加热预热的注意事项是否正确。

1）预热装置使用前应检查射吸能力、气密性等技术性能，并要求气路畅通，阀门严密，调节灵活，连接部位紧密、不泄漏。（　　）

2）预热装置应定期检查、维护、修理、更换，若故障影响不大可继续使用。（　　）

3）若发生烧损、磨损现象，不影响使用可不更换。（　　）

4）禁止采用在地面或物体上摩擦焊炬、割炬端部的方式清除焊嘴或割嘴的堵塞物。（　　）

5）使用预热装置时，应先排净回火防止器内的空气（或氧气）、乙炔混合气体。如果发生回火，应立即关闭氧气阀门，避免发生事故。（　　）

6）熄灭预热火焰时，应先关闭氧气阀门，再关闭乙炔阀门。（　　）

7）工作暂停或结束后，将压力表的指针调至零位。同时还要将焊炬和胶管盘好，挂在靠墙的架子上或拆下胶管将焊炬存放在工具箱内。（　　）

（3）使用工业电热毯加热的优点是什么？如何进行操作？

（4）铸钢件焊接预热温度是多少？层间温度是多少？

（5）如何测量预热温度？

三、装配与焊接

1．按要求进行焊前准备检查，完成表 2–2–28 的填写工作。若垂直度、接头平整度、焊缝清理不符合要求，须修整合格后再进行定位焊。

表 2–2–28　　焊前准备检查

检查指标	垂直度	接头平整度	焊缝清理
规定值	90° ±2°	无缝对接	焊缝周围 20 mm
测量值			
是否符合要求			

2．定位焊

定位焊的焊接材料与正式焊接时的材料一致，使用的焊丝为__________，焊丝直径为_______ mm，焊接用保护气体为______________________________，定位焊的电流要比正式焊接时稍大一些。定位焊后将焊缝处飞溅物清理干净，并且定位焊缝不允许出现任何缺陷，如出现缺陷，必须将其清理干净后重焊。单个定位焊缝长度为________ mm，在焊缝两侧，共________处。

3．装配质量检验

施焊前，复查组装质量、定位焊质量和焊接部位的清理情况，若不符合要求，修整合格后方可施焊。请按要求进行装配质量检验，完成表 2–2–29 的填写工作。

表 2–2–29　　装配质量检验

检查指标	定位焊缝长度	定位焊缝位置	焊缝清理	有无焊接缺陷
规定值	10 ~ 15 mm	焊缝两侧	焊缝周围 20 mm	无
测量值				
是否符合要求				

4．焊前预热

（1）焊接同种材质的铸钢件时，预热温度和层间温度与钢板厚度有什么关系？

（2）焊接不同材质的铸钢件时，预热温度和层间温度与钢板厚度有什么关系？

5．焊接垃圾箱滑移臂

（1）如何根据环境温度与相对湿度选择预热温度和层间温度？

（2）写出垃圾箱滑移臂焊接注意事项。

（3）请认真观摩指导教师现场焊接操作示范，选用符合规定的焊接参数分组进行焊接技能练习，记录焊接时实际选用的焊接参数，完成表 2–2–30 的填写工作。

表 2–2–30　垃圾箱滑移臂焊接参数

焊接层次	焊接电流 /A	电弧电压 /V	气体流量 /（L/min）	层间温度 /℃
1				
2				
3				
4				
5				

6．根据焊后清理要求，在图 2–2–7 所示的方框内写出焊后清理的对象。

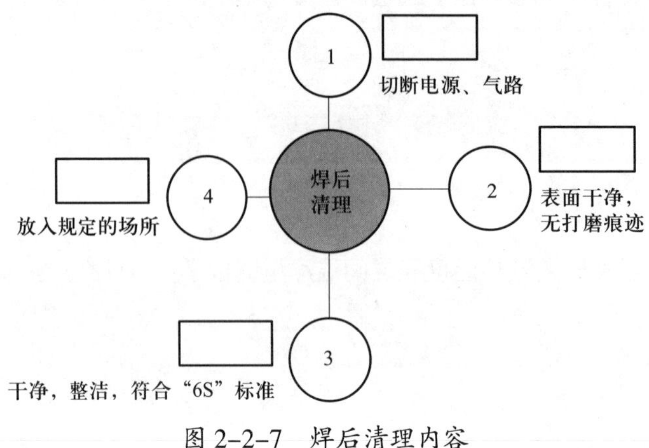

图 2–2–7　焊后清理内容

7．简述立臂与钩头组件平角焊过程中遇到的问题及解决措施。

四、检验

1．写出检验垃圾箱滑移臂焊缝外部质量时所需工具和量具。

2．各组分工合作，将每名组员的外部质量检测结果填入技能鉴定评分表中（见表 2–2–31），并计算自检得分、小组检测得分和教师检测得分，填写表 2–2–32。

表 2–2–31　　技能鉴定评分表

序号	考核内容	考核要点	评分标准	配分	扣分	得分
1	焊前准备	个人防护装备及工具准备齐全，焊接参数设置、设备调试正确	个人防护装备及工具不符合要求，焊接参数设置及设备调试不正确，有一项扣 1 分，扣完为止	5		

续表

序号	考核内容	考核要点	评分标准	配分	扣分	得分
2	焊接操作	固定焊件的空间位置符合要求	超出规定范围扣 5 分	5		
3	外部质量	焊缝表面不允许有焊瘤、气孔、烧穿、夹渣等缺陷	出现任何一项缺陷该项不得分	10		
		焊缝咬边	1. 咬边深度≤ 0.5 mm 时，每 5 mm 长度扣 1 分，累计长度超过焊缝有效长度的 15% 时，不得分 2. 0.5 mm< 咬边深度≤ 1.5 mm 时，每 5 mm 长度扣 2 分，累计长度超过焊缝有效长度的 15% 时，不得分 3. 咬边深度 >1.5 mm 时，不得分	10		
		未焊透	1. 未焊透深度≤ 15% δ，且≤ 1.5 mm 时，累计长度超过焊缝有效长度的 10% 时，不得分 2. 未焊透深度 >1.5 mm 时，不得分	10		
		焊脚尺寸	焊脚尺寸为 12 mm，每超差 1 mm 扣 3 分，扣完为止	10		
		焊缝余高、焊缝宽度及宽度差	焊缝余高为 0 ～ 3 mm，焊缝宽度比坡口每侧增宽 0.5 ～ 2.5 mm，宽度差≤ 3 mm，每种尺寸超差一处扣 2 分，扣完为止	10		
		焊后角变形≤ 3°	超差不得分	5		
4	内部质量	磁粉检测	根据 GB/T 9444—2019，SM01 级、LM01 级、AM01 级为满分，每降一级扣 5 分，扣完为止	30		
5	其他	安全文明生产	设备复原，工具摆放整齐，清理焊件，打扫场地，关闭电源，出现一处不符合要求扣 1 分，扣完为止	5		
6	定额	操作时间	每超过 1 min 从总分中扣 2 分			
合计（自检）				100		

否定项（出现一项该次焊接操作不合格）：

（1）焊缝出现裂纹、未熔合缺陷。

（2）焊接时间超过定额 50%。

（3）焊件原始表面破坏。

（4）未进行磁粉检测。

表 2-2-32 检测结果

检测方式	自检（10%）	小组检测（40%）	教师检测（50%）	总分
得分				

3．按照世界技能大赛外观检验标准进行评分，计算评分结果，完成表 2-2-33 的填写工作。

表 2-2-33 世界技能大赛评分表

序号	分值	评分内容	要 求	实测值 / 结果	得分
1	0.5	有无电弧擦伤	是 / 否		
2	0.5	有无打磨痕迹	是 / 否		
3	0.5	有无表面气孔	是 / 否		
4	0.5	焊接接头是否有咬边， 允许咬边最大深度为 0.5 mm	是 / 否		
5	0.5	是否有未焊透和根部未熔合	是 / 否		
6	0.5	是否有焊瘤	是 / 否		
7	0.5	是否有下塌（过分熔透）且下塌≤ 2 mm	是 / 否		
8	0.5	余高是否在允许范围内 （允许余高为 0 ～ 3 mm， 且同一焊道的变化范围≤ 1.5 mm）	是 / 否		
9	0.5	坡口是否焊满	是 / 否		
10	0.5	角焊缝尺寸是否符合规定	是 / 否		
总分		5.0	实际得分		

4．填写好工序流转单（见表 2-2-34），交给下一道工序。

表 2-2-34 工序流转单

产品名称	垃圾箱滑移臂	工序名称	铸钢件与低合金钢件熔化极 非惰性气体保护电弧焊平角焊
工段		班组	
工序名称	负责人签字	施工人员签字	日期
铸钢件与低合金钢件熔化极 非惰性气体保护电弧焊定位焊			
铸钢件与低合金钢件熔化极 非惰性气体保护电弧焊平角焊			

5．每位同学写一份学习小结，字数不少于 200 字。各组派一名代表叙述。

五、子活动学习评价

学习活动评价见表 2–2–35。

表 2–2–35　　学习活动评价

<table>
<tr><td colspan="2">学习活动名称</td><td></td><td>小组名称</td><td></td><td>组员
姓名</td><td colspan="4"></td></tr>
<tr><td colspan="2" rowspan="3">评价项目</td><td rowspan="3">评价内容</td><td colspan="2" rowspan="3">评价依据</td><td rowspan="3">分值</td><td colspan="3">评价方式</td><td rowspan="3">得分
小计</td></tr>
<tr><td>自我
评价</td><td>小组
评价</td><td>教师
评价</td></tr>
<tr><td>10%</td><td>40%</td><td>50%</td></tr>
<tr><td rowspan="5">关键
能力</td><td rowspan="3">社会
能力</td><td>安全、文明操作</td><td colspan="2">操作规范、安全</td><td>10</td><td></td><td></td><td></td><td></td></tr>
<tr><td>团队协作能力</td><td colspan="2">分工明确，互相配合</td><td>10</td><td></td><td></td><td></td><td></td></tr>
<tr><td>沟通表达能力</td><td colspan="2">仪容仪表，演示发言</td><td>10</td><td></td><td></td><td></td><td></td></tr>
<tr><td rowspan="2">方法
能力</td><td>信息处理能力</td><td colspan="2">工作小结</td><td>10</td><td></td><td></td><td></td><td></td></tr>
<tr><td>学习能力</td><td colspan="2">工作页完成情况</td><td>10</td><td></td><td></td><td></td><td></td></tr>
<tr><td colspan="2">专业能力</td><td>焊接质量</td><td colspan="2">评分表</td><td>50</td><td></td><td></td><td></td><td></td></tr>
<tr><td colspan="2">指导教师
综合评价</td><td colspan="8">得分总计：

指导教师签名：　　　　　　　　　　　　日期：</td></tr>
</table>

注：自我评价、小组评价、教师评价时采用百分制。

子活动 5　学习活动评价

根据学习活动 2 的学习过程完成本学习活动评价，将评价结果填入表 2-2-36 中。

表 2-2-36　　学习活动评价

<table>
<tr><td colspan="2">学习活动名称</td><td></td><td colspan="2">小组名称</td><td colspan="2"></td><td colspan="2">组员姓名</td><td colspan="3"></td></tr>
<tr><td colspan="2" rowspan="3">评价项目</td><td rowspan="3">评价内容</td><td colspan="2">埋弧焊认知</td><td colspan="2">铸钢件埋弧焊板对接平焊</td><td colspan="2">铸钢件与低合金钢件熔化极非惰性气体保护电弧焊对接平焊</td><td colspan="2">铸钢件与低合金钢件熔化极非惰性气体保护电弧焊平角焊</td><td rowspan="3">总分</td></tr>
<tr><td colspan="2">25%</td><td colspan="2">25%</td><td colspan="2">25%</td><td colspan="2">25%</td></tr>
<tr><td>小分</td><td>合计</td><td>小分</td><td>合计</td><td>小分</td><td>合计</td><td>小分</td><td>合计</td></tr>
<tr><td rowspan="5">关键能力</td><td rowspan="3">社会能力</td><td>安全、文明操作</td><td></td><td rowspan="6"></td><td></td><td rowspan="6"></td><td></td><td rowspan="6"></td><td></td><td rowspan="6"></td><td rowspan="6"></td></tr>
<tr><td>团队协作能力</td><td></td><td></td><td></td><td></td></tr>
<tr><td>沟通表达能力</td><td></td><td></td><td></td><td></td></tr>
<tr><td rowspan="2">方法能力</td><td>信息处理能力</td><td></td><td></td><td></td><td></td></tr>
<tr><td>学习能力</td><td></td><td></td><td></td><td></td></tr>
<tr><td colspan="2">专业能力</td><td>焊接质量</td><td></td><td></td><td></td><td></td></tr>
<tr><td colspan="2">指导教师综合评价</td><td colspan="10">指导教师签名：　　　　日期：</td></tr>
</table>

学习活动3　制 订 计 划

学习目标

1. 能明确垃圾箱滑移臂加工工艺流程，制订详尽的工作计划，保证垃圾箱滑移臂焊接顺利实施。

2. 能通过有效沟通，对工作计划进行修改，形成可实施的方案。

学习活动描述

明确垃圾箱滑移臂焊接工艺流程，通过识读垃圾箱滑移臂焊接图样，提取有效信息，确定技术要点和质量控制点，进行设备分配和成员分组，确保垃圾箱滑移臂焊接顺利进行。

总学时：8 学时

子活动与建议学时

子活动 1	工作计划编写	3 学时
子活动 2	工作计划审定	3 学时
子活动 3	学习活动评价	2 学时

学习准备

资料与材料：工作页、技术标准、技术文件、专业书籍。

子活动1　工作计划编写

学习过程

一、加工工艺流程

接受任务，识读工艺图样 ——→ 分析技术要点和质量控制点 ——→ 现场准备 ——→ 焊前准备 ——→ 装配 ——→ 垃圾箱滑移臂焊接 ——→ 焊接质量检验 ——→ 缺陷返修。

二、根据加工工艺流程制订详尽的工作计划

1．接受任务，识读工艺图样

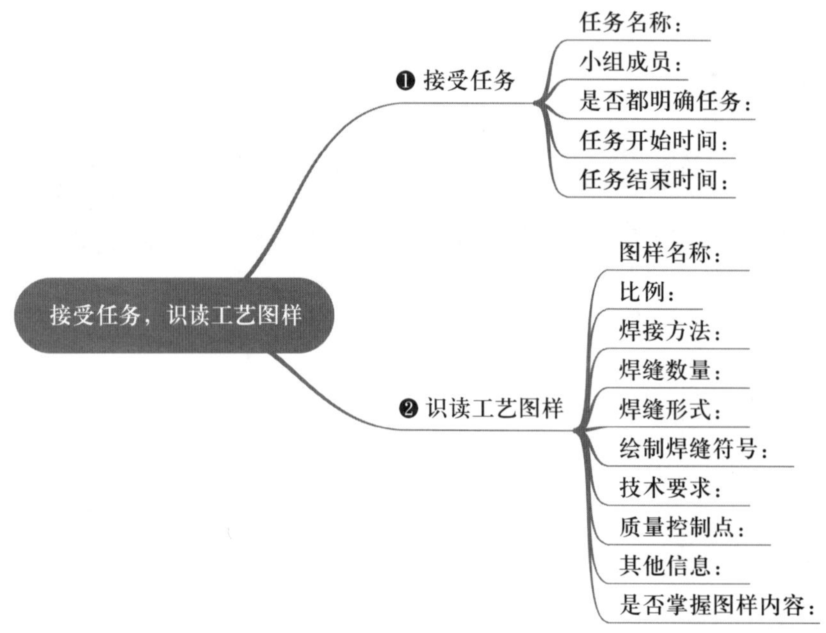

2．分析技术要点和质量控制点

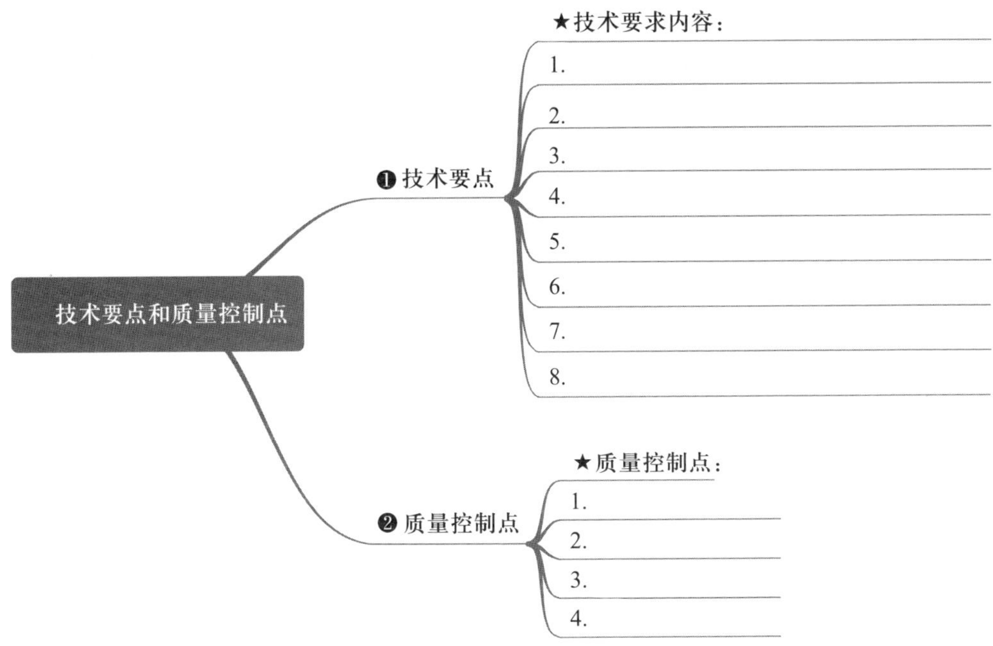

3．现场准备

根据表 2–3–1 所列的图片填写垃圾箱滑移臂焊接现场所需准备的设备、工具和材料。

表 2–3–1　焊接现场所需准备的设备、工具和材料

名称	图示	名称	图示

续表

名称	图示	名称	图示
			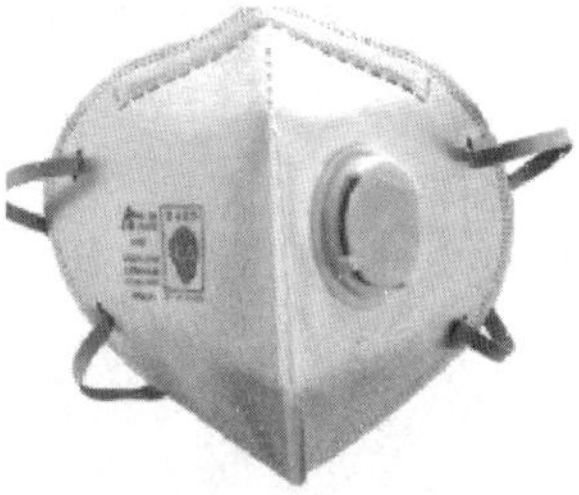
	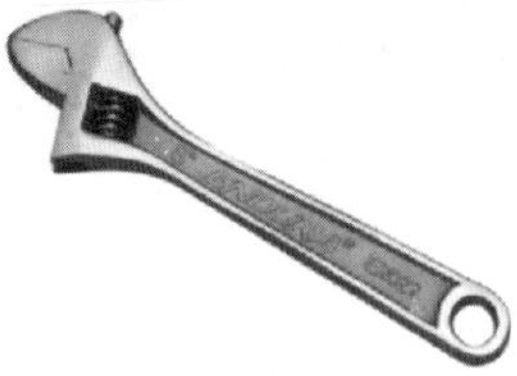		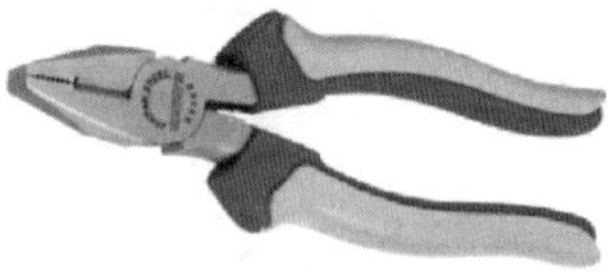
	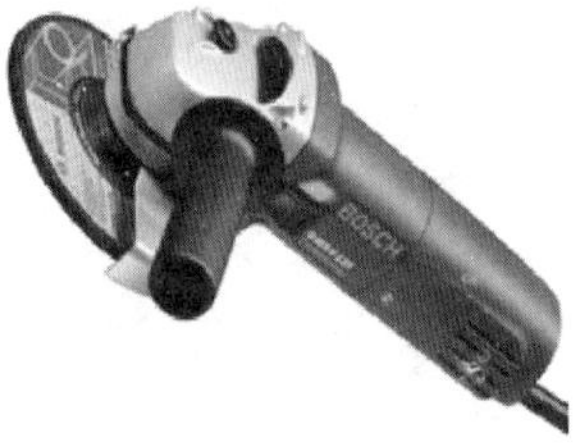		
	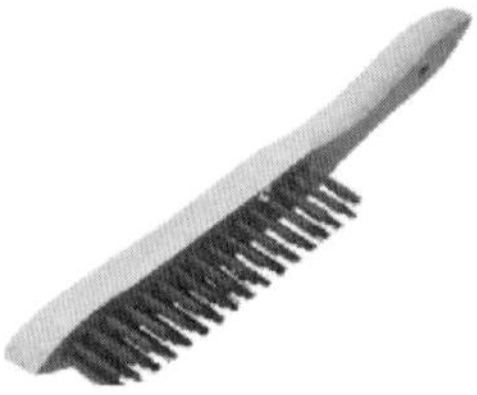		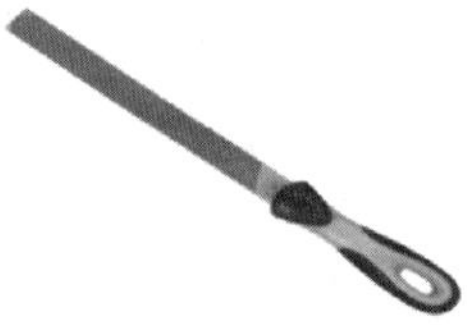
	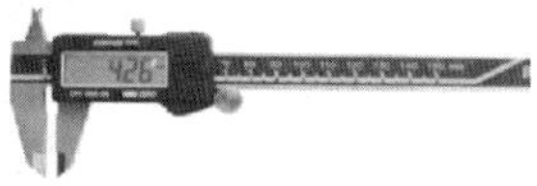		
	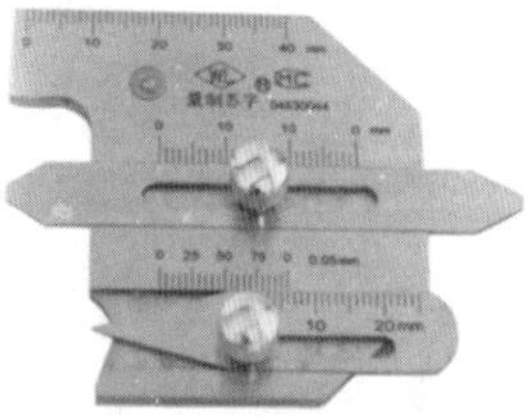		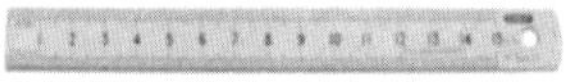
	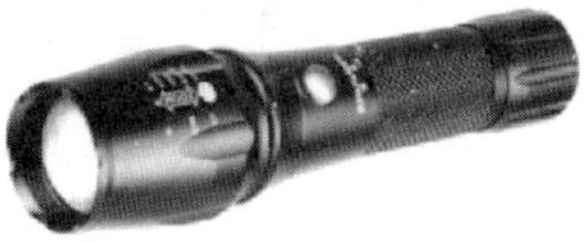		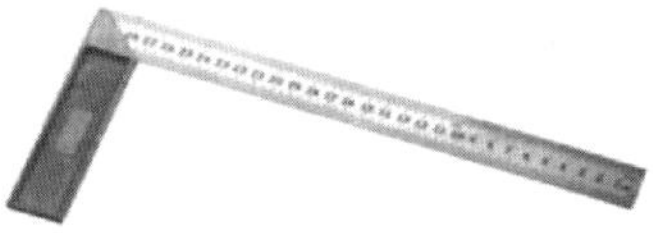

续表

名称	图示	名称	图示

4．焊前准备

根据工位、焊机数量和基本技能项目搭配好小组成员，在表 2–3–2 中填写焊前准备工作内容。

表 2–3–2 焊前准备工作内容

序号	项目	内容	
1	组员分配		
2	练习顺序	设备连接、气路调试、焊机调试、组对焊接	
3	工作内容（在已完成的工作内容后打“√”）	现场具备焊接作业要求	
		工艺装备、工具满足焊接使用要求	
		按要求准备好母材（坡口、钝边、清理）	
		按要求调节焊接用气体流量	
		调试焊机，使焊接参数满足焊接需求	

5．装配、焊接、焊接质量检验及缺陷返修

根据实际产品数量、焊接设备等配置情况，合理分工，完成垃圾箱滑移臂装配、焊接、焊接质量检验、缺陷返修工作计划，填入表 2–3–3。

表 2–3–3 垃圾箱滑移臂装配、焊接、焊接质量检验、缺陷返修工作计划（按小组分工填写）

装配计划	
焊接计划	

续表

焊接质量检验计划	
缺陷返修计划	

子活动 2　工作计划审定

学习过程

一、工作计划展示

根据工作计划展示评价标准认真组织工作计划展示工作，见表 2–3–4。

表 2–3–4　工作计划展示评价标准

考核内容	考核标准	计分规则	配分
小组协作能力	分工合理，全员参与，组员之间无分歧	根据各小组合作情况分三档，其中一档得 3 分，二档得 2 分，三档得 1 分	3
语言表达能力	姿态自然，能脱稿，使用专业术语	根据各小组合作情况分三档，其中一档得 3 分，二档得 2 分，三档得 1 分	3
工作计划内容	内容全面，无原则性错误，计划可实施	根据各小组合作情况分三档，其中一档得 4 分，二档得 2 分，三档得 1 分	4

二、组员相互讨论，形成最终工作计划

子活动 3　学习活动评价

根据学习活动 3 的学习过程完成本学习活动评价，将评价结果填入表 2-3-5 中。

表 2-3-5　学习活动评价

<table>
<tr><td colspan="2">学习活动名称</td><td></td><td>小组名称</td><td></td><td>组员姓名</td><td colspan="2"></td></tr>
<tr><td colspan="2" rowspan="3">评价项目</td><td rowspan="3">评价内容</td><td colspan="2">工作计划编写</td><td colspan="2">工作计划审定</td><td rowspan="3">总分</td></tr>
<tr><td colspan="2">50%</td><td colspan="2">50%</td></tr>
<tr><td>小分</td><td>合计</td><td>小分</td><td>合计</td></tr>
<tr><td rowspan="5">关键能力</td><td rowspan="3">社会能力</td><td>安全、文明操作</td><td></td><td rowspan="5"></td><td></td><td rowspan="5"></td><td rowspan="5"></td></tr>
<tr><td>团队协作能力</td><td></td><td></td></tr>
<tr><td>沟通表达能力</td><td></td><td></td></tr>
<tr><td rowspan="2">方法能力</td><td>信息处理能力</td><td></td><td></td></tr>
<tr><td>学习能力</td><td></td><td></td></tr>
<tr><td colspan="2">指导教师综合评价</td><td colspan="6">指导教师签名：　　　　　　日期：</td></tr>
</table>

学习活动4　任 务 实 施

学习目标

1. 能根据任务需求，准备场地、设备（含设备的维护及保养）、工具、母材、焊接材料。

2. 能根据焊接工艺文件进行铸钢件与低合金钢件的装配，确认装配质量符合要求。

3. 能根据铸钢件的结构和焊接变形特点，确定合理的预防焊接变形措施。

4. 能严格执行焊接工艺文件，熟练运用熔化极非惰性气体保护电弧焊方法完成垃圾箱滑移臂焊接。

5. 能严格执行焊接工艺文件，完成铸钢件与低合金钢件焊接作业。焊接过程中，能控制焊接热输入和层间温度，预防焊接裂纹的产生。

6. 能按照工艺文件要求进行焊后后热、保温缓冷和消除焊接应力处理。

7. 能与相关人员进行有效沟通，获取解决问题的方法和措施，解决铸钢件与低合金钢件焊接过程中的常见问题。

8. 能对设备和工具等进行日常维护及保养。

学习活动描述

根据工作计划，进行垃圾箱滑移臂焊前准备，准备好场地、设备（含设备的维护及保养）、工具、母材、焊接材料，进行垃圾箱滑移臂的装配与焊接。

总学时：18 学时

子活动与建议学时

子活动 1　焊前准备　　1 学时

子活动 2　装配与焊接　　16 学时

子活动 3　学习活动评价　　1 学时

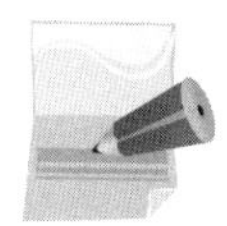

学习准备

资料与材料：工作页、技术标准、技术文件、专业书籍、钩头组件、立臂、焊丝、保护气体（20%CO_2+80%Ar，均为体积分数）等。

设备与工具：熔化极非惰性气体保护电弧焊设备、预热设备、焊接辅助工具、夹具、通风及除尘设备等。

子活动 1　焊 前 准 备

学习过程

一、场地

焊接车间是直接进行焊接作业的现场，其环境状况与安全生产、职业健康关系十分密切，影响较大，车间环境中的通道设置、采光、消防、设备布局等因素直接影响事故的发生率和事故损失的大小。因此，在焊接前一定要确保作业场地符合焊接要求。焊接车间应具备良好的安全、通风、除尘条件，区域划分明确，满足工作要求。

二、安全防护用品

所使用的安全防护用品需符合国家安全法规要求，包括但不限于焊接防护面罩、焊工防护手套、焊接防护服、安全防护鞋、耳塞、防尘口罩、安全帽等。

三、设备

垃圾箱滑移臂焊接所用设备包括气体保护焊焊机、预热设备、碳弧气刨设备、排烟及除尘设备（焊接时，确保除尘设备处于开启状态）、气瓶及气管、气体流量调节器等。

四、工具

垃圾箱滑移臂焊接所用工具包括钢丝钳、角向磨光机、活扳手、钢丝刷、清瘤铲、敲渣锤、检测工具（焊接检验尺、直角尺、游标卡尺）、工艺装备和夹具、红外测温仪等。

五、母材

确认母材表面质量是否符合要求，尤其要注意检查钩头组件和立臂的表面质量，确保其表面无砂眼、缩孔、裂纹等缺陷。

六、焊接材料

焊丝型号为 ER50–6，直径为 1.2 mm。

七、焊前预热

根据垃圾箱滑移臂焊接工艺要求，施焊前严格按照规范要求预热，预热温度为 170℃，待温度降至 150℃时方可进行焊接。

请认真检查上述七项内容是否符合要求，如不符合要求，请按要求进行整改后再次确认，将结果填入表 2–4–1 中。

表 2–4–1　　焊前准备确认内容

焊前准备项目	一次确认	存在问题	二次确认
场地			
安全防护用品			
设备			
工具			
母材			
焊接材料			
焊前预热			

注：“一次确认”和“二次确认”栏中填写“符合要求”或“不符合要求”；“存在问题”栏中填写具体问题。

子活动 2　装配与焊接

学习过程

一、装配前检验

对垃圾箱滑移臂钩头组件与立臂之间焊缝进行装配前检查，检查钩头组件与立臂的垂直度、接头平整度、焊缝清理是否符合要求，如不符合要求，修整合格后再进行定位焊。完成表 2–4–2 的填写工作。

表 2-4-2　　垃圾箱滑移臂钩头组件与立臂装配前检验

检查指标	垂直度	接头平整度	焊缝清理
规定值	90° ± 2°	无缝对接	焊缝周围 20 mm
测量值			
是否符合要求			

二、装配

定位焊的焊接材料与正式焊接时的材料一致，垃圾箱滑移臂钩头组件与立臂角焊缝使用的焊丝为____________，焊丝直径为_________mm，焊接用保护气体为____，定位焊的电流要比正式焊接时稍大一些。定位焊后将焊缝处飞溅物清理干净，并且定位焊缝不允许出现任何缺陷，如裂纹、铜夹杂、未熔合、电弧擦伤、咬边等，如出现这些缺陷，必须将其清理干净后重焊。单个定位焊缝长度为_______________mm，共___________处。

三、装配质量检验

施焊前，复查组装质量、定位焊质量和焊接部位的清理情况，若不符合要求，修整合格后方可施焊。对垃圾箱滑移臂钩头组件与立臂进行装配质量检验，完成表 2-4-3 的填写工作。

表 2-4-3　　垃圾箱滑移臂钩头组件与立臂焊缝装配质量检验

检查指标	定位焊缝长度	定位焊缝间距	焊缝清理	有无焊接缺陷
规定值	50 mm	300 mm	焊缝周围 20 mm	无
测量值				
是否符合要求				

四、垃圾箱滑移臂焊接

1．请认真观摩指导教师现场焊接操作示范，选用符合规定的焊接参数分组进行焊接技能练习，记录焊接时实际选用的焊接参数，完成表 2-4-4 的填写工作。

表 2-4-4　　垃圾箱滑移臂焊接参数

焊接层次	焊接电流 /A	电弧电压 /V	气体流量 /（L/min）	层间温度 /℃
1				
2				
3				

2．写出垃圾箱滑移臂焊接操作要点。

3．写出垃圾箱滑移臂焊接结束后的注意事项。

子活动 3　学习活动评价

根据学习活动 4 的学习过程完成本学习活动评价，将评价结果填入表 2–4–5 中。

表 2–4–5　　学习活动评价

<table>
<tr><td colspan="2">学习活动名称</td><td></td><td>小组名称</td><td></td><td>组员姓名</td><td colspan="2"></td></tr>
<tr><td colspan="2" rowspan="3">评价项目</td><td rowspan="3">评价内容</td><td colspan="2">焊前准备</td><td colspan="2">装配与焊接</td><td rowspan="3">总分</td></tr>
<tr><td colspan="2">40%</td><td colspan="2">60%</td></tr>
<tr><td>小分</td><td>合计</td><td>小分</td><td>合计</td></tr>
<tr><td rowspan="5">关键能力</td><td rowspan="3">社会能力</td><td>安全、文明操作</td><td></td><td rowspan="6"></td><td></td><td rowspan="6"></td><td rowspan="6"></td></tr>
<tr><td>团队协作能力</td><td></td><td></td></tr>
<tr><td>沟通表达能力</td><td></td><td></td></tr>
<tr><td rowspan="2">方法能力</td><td>信息处理能力</td><td></td><td></td></tr>
<tr><td>学习能力</td><td></td><td></td></tr>
<tr><td colspan="2">专业能力</td><td>焊前准备和焊接质量</td><td></td><td></td></tr>
<tr><td colspan="2">指导教师综合评价</td><td colspan="6">

指导教师签名：　　　　　　　　日期：</td></tr>
</table>

学习活动 5　焊接质量检验与返修

学习目标

1. 熟知垃圾箱滑移臂验收标准。

2. 能正确使用焊缝测量工具进行垃圾箱滑移臂焊缝外部质量检测并记录测量数据。

3. 能明确无损检测的常用方法及其在垃圾箱滑移臂焊接质量检测中的应用。

4. 能明确磁粉检测的原理、特点、评判标准，能看懂磁粉检测评级报告。

5. 能读懂焊缝返修通知单，明确返修要求。

6. 能准备返修设备、工具，清除焊接缺陷。

7. 能遵循返修工艺完成焊接缺陷的返修工作。

学习活动描述

明确垃圾箱滑移臂验收标准，进行垃圾箱滑移臂焊缝外部质量检测，学习磁粉检测的质量等级评定、基本步骤等内容，明确无损检测的常用方法及其在垃圾箱滑移臂焊接质量检测中的应用，根据焊缝返修通知单，编制返修工艺，对垃圾箱滑移臂焊接缺陷进行返修。

总学时：10 学时

子活动与建议学时

子活动 1　焊接质量检验　　　　2 学时

子活动 2　缺陷返修　　　　　　7 学时

子活动 3　学习活动评价　　　　1 学时

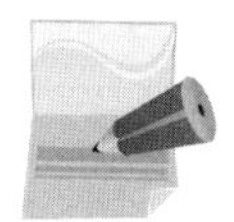

学习准备

资料与材料：工作页、技术标准、技术文件、专业书籍、垃圾箱滑移臂组件、焊丝、保护气体（20%CO_2+80%Ar，均为体积分数）等。

设备与工具：熔化极非惰性气体保护电弧焊设备、焊接辅助工具、碳弧气刨设备、夹具、通风及除尘设备等。

子活动 1　焊接质量检验

学习过程

一、垃圾箱滑移臂外部质量检验

1．如何通过目视对垃圾箱滑移臂进行外部质量检验？

2．目视检验应在焊接工作结束后，将焊件表面的焊渣和飞溅物清理干净，检验项目见表 2–5–1，请补全表 2–5–1 所缺的内容。

表 2–5–1　　焊件目视检验项目

检验项目	检验部位	质量要求	备注
清理质量	所有焊缝及其边缘		
几何形状	焊缝与母材连接处		可用焊接检验尺测量
	焊缝形状和尺寸急剧变化的部位		

续表

检验项目	检验部位	质量要求	备注
焊接缺陷	1. 整条焊缝和热影响区附近 2. 重点检查焊缝的接头部位、收弧部位、几何形状和尺寸突变部位		1. 接头部位易产生焊瘤、咬边等缺陷 2. 收弧部位易产生弧坑裂纹等缺陷
伤痕补焊	刚性固定板拆除部位		
	母材引弧部位		
	母材机械划伤部位		

3．如何进行焊缝尺寸的检验？对接焊缝和角焊缝的尺寸检验有哪些指标？

4．以小组为单位查阅垃圾箱滑移臂焊接评价标准，对垃圾箱滑移臂的焊缝进行相应项目的检测并记录检测数据，填写自检记录，见表 2–5–2。

（1）检测组成员____。

（2）检测结果见表 2–5–2。

表 2–5–2　　垃圾箱滑移臂焊缝自检记录

检测项目	检测方法及工具	检测要求	检测值	处置措施
焊脚尺寸	焊接检验尺和钢直尺	12 mm		
焊缝凸度	焊接检验尺和钢直尺	≤ 2 mm		
咬边	低倍放大镜和钢直尺	无		
夹渣	低倍放大镜	无		
气孔	低倍放大镜	无		
未焊透	低倍放大镜和钢直尺	无		
裂纹	低倍放大镜	无		
焊缝表面成形	低倍放大镜	波纹均匀、美观		

二、垃圾箱滑移臂内部质量检验

1．垃圾箱滑移臂内部质量由专门的检测公司进行检测，并给出检测结果。查阅相关资料，回答关于磁粉检测的相关问题。

（1）垃圾箱滑移臂检测前应明确的内容有哪些?

（2）磁粉检测安全防护内容有哪些?

（3）磁粉检测的基本步骤有哪些?

（4）磁粉检测对焊件表面状态和表面准备有什么要求?

（5）磁粉检测报告需包含的内容有哪些?

2．质量判定

垃圾箱滑移臂内部质量由专门的检测公司进行检测，参考前文表 1–5–4 和表 1–5–5，通过磁粉检测对垃圾箱滑移臂进行质量判定，磁粉检测质量检验结果为__________级。

根据垃圾箱滑移臂焊缝外部质量检验和内部质量检验结果，该垃圾箱滑移臂焊接质量最终结果为__________级。

子活动 2 缺 陷 返 修

学习过程

一、焊缝返修通知单

垃圾箱滑移臂焊接完成后，由检验人员进行无损检测，如发现超出标准要求的缺陷后，由检验人员填写焊缝返修通知单，通知焊接人员进行焊缝返修，表 2–5–3 为假定垃圾箱滑移臂具有超标的焊接缺陷，由检验人员下发的焊缝返修通知单。

表 2–5–3　　垃圾箱滑移臂焊缝返修通知单

<table>
<tr><td colspan="6">焊缝返修通知单</td><td colspan="2" rowspan="2">编号：001
返修次数：0
签发人：探伤室 × ×</td></tr>
<tr><td>产品名称</td><td colspan="2">垃圾箱滑移臂</td><td>产品
编号</td><td colspan="2">002</td></tr>
<tr><td>材料</td><td colspan="2">施焊单位</td><td>厚度</td><td>焊工代号</td><td colspan="2">无损检测方法</td><td>焊接方法</td></tr>
<tr><td>ZG20Mn
Q355C</td><td colspan="2"></td><td>60 mm</td><td>HG008</td><td colspan="2">磁粉检测</td><td>熔化极非惰性
气体保护
电弧焊</td></tr>
<tr><td rowspan="3">缺陷部位</td><td>底片编号</td><td>缺陷长度</td><td>缺陷性质</td><td>缺陷位置</td><td>评定级别</td><td>检测日期</td><td>返修次数</td></tr>
<tr><td>TS–216</td><td>5 mm</td><td>条形缺陷</td><td>2 段 5 号</td><td>LM4</td><td>月　日</td><td>0</td></tr>
<tr><td></td><td></td><td></td><td></td><td></td><td></td><td></td></tr>
<tr><td>缺陷核实
情况及
返修意见</td><td colspan="3">经核实存在缺陷，用碳弧气刨，至缺陷清除，按制定的返修工艺进行返修
核实者（签字）：__________
日　　期：____年___月___日</td><td>焊接负责人
审批</td><td colspan="3">同意返修

审批（签字）：__________
日　　期：____年___月___日</td></tr>
<tr><td colspan="8">返修流转程序：
一次返修、二次返修：探伤室→检验员→生产车间→焊接工艺员→焊接负责人→焊接工艺员→生产车间→检验员→探伤→归档；
三次返修：探伤室→检验员→焊接工艺员→焊接负责人→质量工程师→焊接负责人→焊接工艺员→生产车间→检验员→探伤→归档</td></tr>
</table>

二、缺陷的判定、清理和返修

1．缺陷清理的方法及注意事项有哪些？

2．缺陷判定时的处理方法是什么？

3．根据垃圾箱滑移臂焊接实际缺陷，完成焊缝缺陷返修报告，见表 2–5–4。

表 2–5–4　　焊缝缺陷返修报告

<table>
<tr><td colspan="6">垃圾箱滑移臂焊缝缺陷返修报告</td></tr>
<tr><td colspan="2">产品名称</td><td colspan="3">产品编号</td><td>返修次数</td></tr>
<tr><td colspan="2"></td><td colspan="3"></td><td></td></tr>
<tr><td colspan="2">合同厂家</td><td colspan="3">缺陷具体位置</td><td>返修焊工姓名</td></tr>
<tr><td colspan="2"></td><td colspan="3"></td><td></td></tr>
<tr><td>序号</td><td>缺陷性质</td><td>造成原因</td><td colspan="3">返修方案说明</td></tr>
<tr><td>1</td><td></td><td></td><td colspan="3"></td></tr>
<tr><td rowspan="2">2</td><td rowspan="2"></td><td rowspan="2"></td><td colspan="3"></td></tr>
<tr><td>编制</td><td colspan="2"></td></tr>
<tr><td colspan="6">返修工艺方案</td></tr>
<tr><td>焊接材料
牌号 / 规格</td><td>焊层</td><td>焊接方法</td><td>焊接电流 /A</td><td>电弧电压 /V</td><td>焊接速度 /
（cm/min）</td></tr>
<tr><td></td><td></td><td></td><td></td><td></td><td></td></tr>
<tr><td></td><td></td><td></td><td></td><td></td><td></td></tr>
<tr><td></td><td></td><td></td><td></td><td></td><td></td></tr>
<tr><td rowspan="3">审批意见</td><td rowspan="3" colspan="2"></td><td>一次返修</td><td colspan="2">审批</td></tr>
<tr><td>二次返修</td><td colspan="2">审批</td></tr>
<tr><td>三次返修</td><td colspan="2">审批</td></tr>
<tr><td colspan="6">铸钢件缺陷补焊工艺记录</td></tr>
<tr><td>焊层</td><td>焊接材料
牌号 / 规格</td><td>焊接方法</td><td>焊接电流 /A</td><td>电弧电压 /V</td><td>检验员</td></tr>
<tr><td></td><td></td><td></td><td></td><td></td><td></td></tr>
<tr><td></td><td></td><td></td><td></td><td></td><td></td></tr>
</table>

三、返修质量检验

按上述返修工艺完成垃圾箱滑移臂的返修工作，并填写质量检验表，见表 2-5-5。

表 2-5-5　　质量检验表

返修部位	返修内容	返修检测结果	是否满足要求
外部			
内部			

子活动 3　学习活动评价

根据学习活动 5 的学习过程完成本学习活动评价，将评价结果填入表 2-5-6 中。

表 2-5-6　　学习活动评价

<table>
<tr><td colspan="2">学习活动名称</td><td></td><td>小组名称</td><td></td><td>组员姓名</td><td colspan="2"></td></tr>
<tr><td colspan="2" rowspan="3">评价项目</td><td rowspan="3">评价内容</td><td colspan="2">焊接质量检验</td><td colspan="2">缺陷返修</td><td rowspan="3">总分</td></tr>
<tr><td colspan="2">40%</td><td colspan="2">60%</td></tr>
<tr><td>小分</td><td>合计</td><td>小分</td><td>合计</td></tr>
<tr><td rowspan="5">关键能力</td><td rowspan="3">社会能力</td><td>安全、文明操作</td><td></td><td rowspan="6"></td><td></td><td rowspan="6"></td><td rowspan="6"></td></tr>
<tr><td>团队协作能力</td><td></td><td></td></tr>
<tr><td>沟通表达能力</td><td></td><td></td></tr>
<tr><td rowspan="2">方法能力</td><td>信息处理能力</td><td></td><td></td></tr>
<tr><td>学习能力</td><td></td><td></td></tr>
<tr><td colspan="2">专业能力</td><td>装配质量、焊接质量、返修工艺和返修质量</td><td></td><td></td></tr>
<tr><td colspan="2">指导教师综合评价</td><td colspan="6">指导教师签名：　　　　日期：</td></tr>
</table>

学习活动6　总结与评价

学习目标

1. 能通过小组沟通，针对垃圾箱滑移臂焊接过程总结经验和不足，培养小组合作和语言表达能力。

2. 通过成果展示，培养良好的专业能力、社会能力和方法能力。

3. 反思工作过程中存在的不足，为以后的工作积累经验。

学习活动描述

梳理垃圾箱滑移臂焊接任务实施过程中的优点和不足，进行小组合作，分享经验，完成垃圾箱滑移臂焊接学习任务评价。

总学时：6学时

子活动与建议学时

子活动1　工作总结　　4学时

子活动2　学习任务评价　　2学时

学习准备

资料与材料：工作页、技术标准、技术文件、专业书籍等。

子活动1　工 作 总 结

学习过程

1．小组成员制作PPT，汇报本组工作收获及创新工作情况。将汇报内容写在下列空白处，并利用PPT进行展示和说明。

2．结合各小组汇报和展示情况，反思本组工作过程，完成表 2-6-1 的填写工作。

表 2-6-1 工作汇报

内容名称	做得好的方面	存在的问题及分析	解决方法	备注
明确工作任务				
技能准备				
制订计划				
任务实施				
焊接质量检验与返修				
学生 / 小组心得体会总结				

3．每位同学写一份工作总结，字数不少于 500 字。

子活动 2　学习任务评价

学习过程

1．完成学习任务评价，见表 2-6-2。

表 2-6-2　　学习任务评价

<table>
<tr><td colspan="2">学习任务名称</td><td></td><td colspan="2">小组名称</td><td colspan="4"></td><td colspan="2">组员姓名</td><td colspan="3"></td></tr>
<tr><td colspan="2" rowspan="3">评价项目</td><td rowspan="3">评价内容</td><td colspan="2">明确工作任务</td><td colspan="2">技能准备</td><td colspan="2">制订计划</td><td colspan="2">任务实施</td><td colspan="2">焊接质量检验与返修</td><td rowspan="3">总分</td></tr>
<tr><td colspan="2">20%</td><td colspan="2">20%</td><td colspan="2">20%</td><td colspan="2">30%</td><td colspan="2">10%</td></tr>
<tr><td>小分</td><td>合计</td><td>小分</td><td>合计</td><td>小分</td><td>合计</td><td>小分</td><td>合计</td><td>小分</td><td>合计</td></tr>
<tr><td rowspan="5">关键能力</td><td rowspan="3">社会能力</td><td>安全、文明操作</td><td></td><td rowspan="5"></td><td></td><td rowspan="5"></td><td></td><td rowspan="5"></td><td></td><td rowspan="5"></td><td></td><td rowspan="5"></td><td rowspan="9"></td></tr>
<tr><td>团队协作能力</td><td></td><td></td><td></td><td></td><td></td></tr>
<tr><td>沟通表达能力</td><td></td><td></td><td></td><td></td><td></td></tr>
<tr><td rowspan="2">方法能力</td><td>信息处理能力</td><td></td><td></td><td></td><td></td><td></td></tr>
<tr><td>学习能力</td><td></td><td></td><td></td><td></td><td></td></tr>
<tr><td colspan="2" rowspan="4">专业能力</td><td>读图能力</td><td></td><td rowspan="4"></td><td></td><td rowspan="4"></td><td></td><td rowspan="4"></td><td></td><td rowspan="4"></td><td></td><td rowspan="4"></td></tr>
<tr><td>焊接基础技能</td><td></td><td></td><td></td><td></td><td></td></tr>
<tr><td>垃圾箱滑移臂焊接质量</td><td></td><td></td><td></td><td></td><td></td></tr>
<tr><td>检验与返修能力</td><td></td><td></td><td></td><td></td><td></td></tr>
<tr><td colspan="2">指导教师综合评价</td><td colspan="12">

指导教师签名：　　　　　　　　日期：</td></tr>
</table>

2．根据学习任务评价结果，写一篇关于专业能力和关键能力的提高计划，字数不少于 200 字。